W0258349

Abhandlungen zur Didaktik und Philosophie der Naturwissenschaft.   Band II. Heft 5.

Beiträge zur Behandlung
der elektromagnetischen Lichttheorie
und der Lehre
von den elektrischen Schwingungen.

Nebst einem Anhang über die Geschwindigkeit der Elektrizität.

Von

Dr. Heinrich Lüdtke,
Professor am Reform-Realgymnasium in Altona (Elbe).

ISBN 978-3-642-90063-1   ISBN 978-3-642-91920-6   (eBook)
DOI 10.1007/978-3-642-91920-6

Inhalts-Übersicht.

I. Versuche mit Teslaströmen.

A. Mechanische Wirkungen.

1. **Abstoßung einer Metallscheibe.** Wird eine hydrostatische Wage so aufgestellt, daß die aus einer leichten Messingscheibe bestehende kürzere Wagschale W in Fig. 1 sich gerade über dem oberen Ringe der aufrechtstehenden Primärspule eines Teslatransformators ohne Ölisolation (nach ELSTER und GEITEL) befindet, so beobachtet man eine elektrodynamische Abstoßung der Messingschale durch die Primärspule. Dem Teslaschwingungskreise muß hierbei eine möglichst große Energiemenge zugeführt werden, bei F müssen kräftige Funken überspringen, die Kapazität L ist eine nicht zu kleine Batterie Leidener Flaschen. Will man bei Benutzung eines kleineren Instrumentariums die Wirkung deutlicher sichtbar machen, so kann man die Multiplikationsmethode benutzen. Jedesmal wenn die Schale nach oben gehen will, schließt man den Primärstromkreis des Induktoriums bei A für einen Augenblick; die Wage gerät allmählich in heftige Schwankungen.

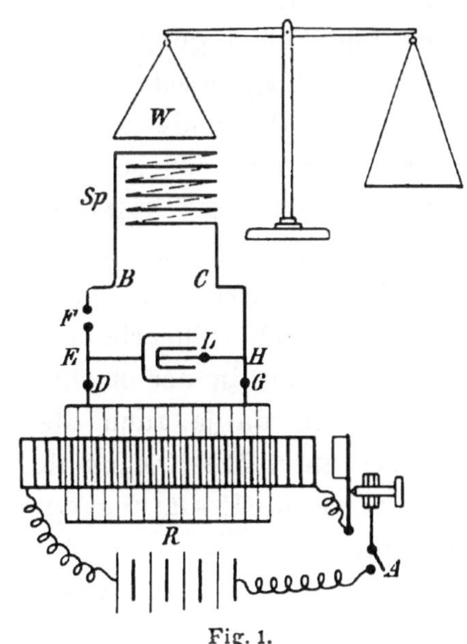

Fig. 1.

Eine Wage mit Hornschalen, wie sie vielfach zu Schülerübungen benutzt werden, kann denselben Zwecken dienen, wenn eine leichte Metallscheibe, z. B. ein Aluminium-Aschbecher, an die eine Wagschale parallel zu den Windungen der Primärspule gehängt wird. Befindet sich eine solche Metallscheibe im Gleichgewicht über einem kräftigen Elektromagneten, so wird bekanntlich beim Schließen des Gleichstroms die Scheibe momentan abgestoßen; bei dauerndem Stromschluß tritt Gleichgewicht der Wage in einer Stellung ein, die zeigt, daß die wohl eisenhaltige Aluminiumschale etwas magnetisch ist; beim Ausschalten des Stromes zeigt sich momentan kräftige Anziehung. Ähnliche Anordnungen benutzt man ja zum Nachweis der LENZschen Regel für Induktionsströme. Wird der Elektromagnet durch kräftige Wechselströme gespeist, so zeigt sich dauernde Abstoßung; Versuch von Elihu Thomson, bei dem ein Aluminiumring in die Höhe geschleudert wird. Die bei Gleichstrom beobachtete Anziehung und Abstoßung wird also nicht null bei Wechselstrom. Obiger Versuch zeigt nun, daß die Primärspule des wohl in den meisten Schulen vorhandenen Teslatransformators auch benutzt werden kann, die elektrodynamische Repulsion zu zeigen. Infolge der kräftig induzierenden Wirkung der Hochfrequenzschwingungen gelingt der Nachweis ohne Eisenkern in dem Solenoide.

Diesen Versuch habe ich beim Beginn der Optik angestellt, um die elektromagnetische Lichttheorie einzuführen und eine Erklärung der Lichtmühle (Radiometer) von Crookes zu geben. Abgesehen von der Wellenlänge und Schwingungszahl, besteht kein prinzipieller Unterschied zwischen den elektromagnetischen Schwingungen von vielleicht 1 Milliarde Schwingungen in 1 Sekunde und den auf das Radiometer einwirkenden Wärme- und Lichtstrahlen von rund 300 bis 500 Billionen Schwingungen in 1 Sekunde. Platten, welche die auffallenden Schwingungen absorbieren, erleiden aus elektrodynamischen Gründen eine Abstoßung, Reaktion. Natürlich ist der Hinweis am Platze, daß diese im Sinne moderner elektrischer Naturerklärung sich bewegende Theorie nicht notwendig mit der schönen Theorie der Lichtmühle, die in der mechanischen Wärmetheorie gegeben wird, in Widerspruch steht, da ja auch die elektrische Fernwirkung nach Faraday und Maxwell unter Mitwirkung des Zwischenmediums erfolgt. Die mechanische und elektrische Erklärung derselben Erscheinung stützen und ergänzen sich vielleicht.

2. Versuch mit hängender Stanniolscheibe. Man lege die Teslaprimärspule Sp so auf den Tisch, daß die Windungsebenen auf der Tischplatte senkrecht stehen, und hänge eine kreisförmige Stanniolscheibe, die etwas kleiner als die Windungen der Primärspule ist, an einem dünnen Faden so auf, daß die Scheibe unmittelbar vor der Spule parallel zu deren Windungen oder ein wenig schräg dazu frei hängt. Die elektrodynamische Wirkung der induzierenden Schwingungen auf die in der Stanniolscheibe induzierten Ströme ist eine derartige, daß die Ebene der Stanniolscheibe sich rechtwinklig zu den Windungsebenen der Primärspule stellt. Auch eine Magnetnadel an Stelle der Stanniolscheibe zeigt drehende Bewegung, namentlich wenn wie oben der Ausschalter A (Fig. 1) zweckmäßig gehandhabt wird.

3. Elektrostatische Erscheinungen. Wird die Teslaprimärspule durch eine auf einen Glaszylinder gewickelte Drahtspirale[1]) ersetzt, die oben und unten mit Metalldeckeln auf den Enden des Zylinders leitend verbunden ist, so zeigt ein Elektroskop im Innern einen Ausschlag an, wenn es leitend mit dem oberen Metalldeckel verbunden ist, und dieser wieder mit dem positiven Pole des Induktoriums in Verbindung steht. Gold- und Aluminiumblättchen werden leicht zerstört, da infolge der hohen Selbst-

----

[1]) Vergl. *Zeitschr.* **21**, 1908, 14 und 16, Fig. 11.

induktion der Spirale die Potentialdifferenz zwischen den Enden der Spirale erheblich ist, und Funken im Innérn überspringen können. Es genügt, von oben in die Spirale an einem Drahte einen längeren Stanniolstreifen herunterhängen zu lassen; dieser wird nach der Glaswand hingezogen, aber abgestoßen, wenn plötzlich der primäre Strom kommutiert wird. Die Funkenstrecke F (Fig. 1) darf bei diesem Versuche nicht zu klein sein.

Natürlich ist es nicht nötig, das zum Nachweis der Potentialunterschiede zwischen den Enden der Spirale benutzte einfache Elektroskop ins Innere der Spirale zu verlegen. — Ähnliche Versuche mit einem Elektroskop, das ganz mit Wasser statt der Spirale umhüllt ist. Die auffallende Erscheinung, daß Funken im Innern dieses Apparates gar nicht zu hören sind, wenn die obere Metallkappe überall ins Wasser taucht, daß aber ein donnerähnliches Geräusch entsteht, wenn diese eine Öffnung hat, ist jüngst schon von anderer Seite beschrieben worden.

4. **Durchschlagen von Glas.** Glasplatten können auch durch die von der Sekundärspule eines Teslatransformators gelieferten Ströme durchschlagen werden nach der von Professor B. WALTER für den gewöhnlichen Entladungsschlag eines Induktoriums angegebenen Methode. Auf eine Glasplatte werden beiderseits Fettflecke aus Paraffin, Stearin, Wachs oder dergl. getröpfelt, F in Fig. 2; nach dem Erkalten bohrt man in die Stearinmasse kleine Kanäle, die bis zum Glase reichen, einander genau gegenüberstehen und zur Aufnahme der Elektroden E dienen; letztere sind Stricknadeln, die mit den Polen eines Teslatransformators verbunden werden. Das Glas wird sofort durchschlagen; ohne die Fettflecke würde der Funken in Form eines schönen Sterns sich auf der Platte ausbreiten.

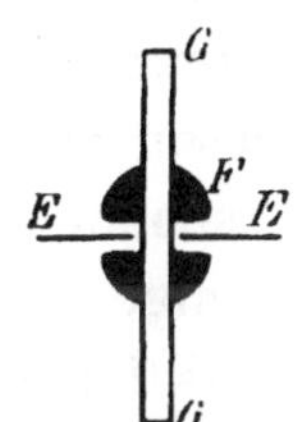

Fig. 2.

5. **Funken in Wasser.** Man benutze den primären Teslaschwingungskreis. Statt der Spirale Sp in Fig. 1 schalte man eine Wasserwanne ein, in der die als Elektroden dienenden Drähte sich fast berühren. Wird die außerdem eingeschaltete, nicht zu kleine Luftfunkenstrecke F passend reguliert, so erhält man kräftige Funken im Wasser, durch welche die Flüssigkeit nach allen Seiten herumgeschleudert wird. Auch durch die Sekundärspirale eines Transformators kann man kleine Fünkchen im Wasser erzielen, vergleiche *Zeitschr.* **21**, 1908, S. 16, die Wirkung ist aber sehr gering, ein Herumspritzen tritt natürlich nicht ein.

6. **Versuche mit elektrischen Flugrädchen.** Die in der Elektrostatik allgemein benutzten Reaktionsrädchen können auch hier mannigfache Verwendung finden. Verbindet man die Pole eines Rühmkorff mit je einem leicht beweglichen Flugrädchen, so drehen sich diese kaum, wenn zwischen den Polen eine Funkenstrecke eingeschaltet ist, die nur sehr klein ist; die Potentialdifferenz zwischen den Polen ist eben zu gering. Schaltet man eine etwas größere Funkenstrecke ein, bei der die Funken aber noch ununterbrochen überspringen, so drehen sich die Rädchen nicht rückwärts,

sondern vorwärts. Bei recht großer Funkenstrecke, etwa 7 bis 8 cm bei dem von mir benutzten Induktorium, springen die Funken weniger oft über, und die Rädchen drehen sich rückwärts wie bei der Verbindung mit dem Konduktor einer Reibungs-Elektrisiermaschine. Dazwischen gibt es eine Funkenstrecke, bei welcher das Rädchen sich überhaupt nicht dreht. Die von mir benutzten Rädchen waren verschieden, eins fünfstrahlig mit Messingdrahtarmen, eins dreistrahlig aus gestanztem Blech, wie sie in den Experimentierkästen üblich sind. Die Rädchen verhielten sich nun nicht ganz gleich, auch tritt die Umkehr des Drehungssinns bei verschieden langer Funkenstrecke ein, je nachdem das Rädchen mit dem positiven oder negativen Pol des Rühmkorff verbunden ist. Es ließ sich also erreichen, daß das fünfstrahlige Rad am positiven Pole sich vorwärts drehte, während das dreistrahlige am negativen Pole sich rückwärts bewegte. Ebenso ließ sich zeigen, daß ein Rad, welches sich vorwärts drehte, nach dem Kommutieren des Primärstromes sich im umgekehrten Sinne bewegte.

Ähnliche Versuche lassen sich anstellen, wenn ein solches Rädchen mit irgend einem Punkte des Primärschwingungskreises Fig. 1 in Verbindung gebracht wird. Man erwartet, daß die Flugrädchen bei der Verbindung mit einem Pole der Sekundärspule eines Teslatransformators sich besonders kräftig drehen, da ja die Spannung und die Ausstrahlung aus den Spitzen besonders groß ist. Die Erscheinung ist aber viel geringer als bei direkter Benutzung des Rühmkorff. Auf die Spannung allein kommt es eben bei dieser Erscheinung nicht an. Verhältnismäßig sicher zu erreichen ist die Erscheinung, daß bei mittlerer Funkenstrecke das Rad sich vorwärts dreht, weniger gut die, daß bei großer oder fehlender Funkenstrecke das Rad als Reaktionsrad sich dreht. Im verdunkelten Zimmer beobachtet man daß die Hauptausstrahlung der hochgespannten Elektrizität gar nicht an den Spitzen erfolgt, da diese nach dem nächsten Radarm gerichtet sind sondern da, wo der Draht oder das Blech umgebogen ist. Immerhin handelt es sich bei diesen Versuchen wohl nicht bloß um eine Spielerei, sie zeigen auch, daß schon bei den von einem Rühmkorff gelieferten Schwingungen eine gewisse Abstimmung in Frage kommt, wenn man bestimmte Erscheinungen zeigen will.

Nähert man einer Spitze des mit einem Pol des Teslatransformators verbundenen Flugrädchens einen Finger oder besser einen in der Hand gehaltenen Draht bis auf eine kurze Entfernung, so springen Funken über, und das leicht bewegliche Rädchen dreht sich nach dem Finger oder dem Draht hin. Wird nun der Finger oder Draht langsam in der Drehrichtung voranbewegt, so erhält man eine dauernde Rotation des Rädchens.

Besser als mit der gewöhnlichen Teslaanordnung soll die Drehung eines Flugrades als Reaktionsrad infolge der Spitzenausstrahlung mit einer ähnlichen Anordnung zu erreichen sein, bei der die Duddel-Poulsen-Schaltung benutzt wird, bei wecher mit „ungedämpften Schwingungen" gearbeitet wird. — Wird das Flugrädchen mit einer Kugel eines Öl-Funken-Senders, der von Meiser und Mertig bezogen ist, verbunden, so ist ebenfalls ein Vorwärtsdrehen des Rädchens zu beobachten, es tritt also keine Reaktion infolge Spitzenwirkung ein. Wird hierbei die andere Kugel des Senders geerdet, so dreht sich das Rädchen schneller. Ich bin dadurch zu der Annahme gekommen, daß vielleicht die Ausstrahlung von elektrischen Wellen an dem krummen Teil der Radarme dieser teilweise beweglichen Antenne die der Spitzenwirkung entgegengesetzte Reaktion hervorruft; ob die Vermutung richtig ist, ist allerdings zweifelhaft.

B. Versuche mit Loosers Thermoskop.

1. **Abnahme der elektromagnetischen Strahlungsenergie mit dem Quadrat der Entfernung.** Eine große dünnwandige Glashalbkugel mit Ansatz für den Thermoskopschlauch wird auf der ebenen Halbfläche mit einem Stanniolring beklebt, der etwa 3 cm breit ist, an einer Seite aber der größeren Erwärmung halber nur etwa 1 cm breit, bei kleineren Teslaapparaten vielleicht noch schmäler ist, Fig. 3 II und III. Diese Halbkugel H wird über der Teslaprimärspule Sp parallel zu den Windungsebenen in a cm Entfernung aufgestellt. Man beobachtet nun an Loosers Thermoskop M einen Ausschlag von b cm infolge der Erwärmung des Stanniols durch die von Sp ausgehende induzierende Wirkung. In der Entfernung $2a$ ist der Ausschlag $b:4$ in der gleichen Zeit; ich habe meist 2 Minuten beobachtet. So wurde z. B. $a = 2^{1}/_{4}$ cm, $b = 8,1$ cm Thermoskopausschlag und $2a = 4^{1}/_{2}$ cm, $b:4$ fast 2 cm beobachtet oder $a = 2,5$ cm, $b = 6,4$ cm und $2a = 5$ cm, $b:4 = 1,5$ cm oder $a = 2,5$ cm, $b = 5,5$ cm und $2a = 5$ cm, $b:4 = 1,5$ cm. Die elektromagnetische Strahlung nimmt also mit dem Quadrat der Entfernung ab; eine Tatsache, die zunächst nur für ein Leiterstückchen gilt, hier aber auch ungefähr bestätigt ist. Die angegebenen Entfernungen sind nur ungefähre Werte, da die oberste Windung eine Schraubenlinie darstellt, die natürlich von der Grundebene der Halbkugel nicht überall genau denselben Abstand haben kann. Der Versuch kann in der Optik bei der Besprechung der Photometrie am Platze sein, wenn man die elektromagnetische Lichttheorie dem Unterricht zugrunde legt.

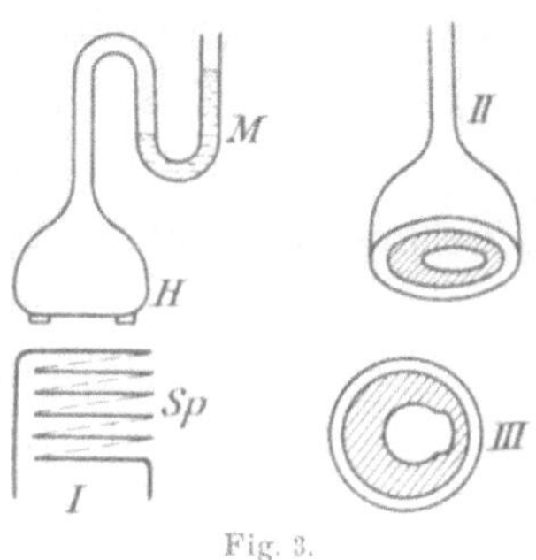

Fig. 3.

2. **Foucaultsche Ströme.** Ähnlich wie mit dem Farbenthermoskop läßt sich auch mit dem Looserschen Thermoskop eine Erwärmung in Stanniol nachweisen, die durch Induktion hervorgerufen wird. Zwei kleine Glashalbkugeln ohne Stanniolbeklebung werden nebeneinander auf ein größeres Stanniolblatt gesetzt, das auf einer Glasplatte oder Pappscheibe über der

Teslaprimärspule parallel zu deren Windungen liegt, eine genau in der Mitte, die andere über den Windungen der Primärspule, also mehr am Rande des Stanniols. Das Doppelthermoskop zeigt an, daß in der Mitte die Erwärmung geringer ist als unmittelbar über den Windungen der Spule; in dem Stanniol entsteht also durch Induktion ein erwärmter Ring. Ebenso wie im Stanniol läßt sich auch in gewissen dünnen Drahtnetzen eine Erwärmung durch die stark induzierende Wirkung der Teslaprimärspule nachweisen.

Man kann ferner eine kleine Kochflasche ringsum mit Stanniol umkleben, durch einen Glasansatz in einem Gummistopfen mit dem Thermoskop verbinden und in die Teslaprimärspule stellen. Oder auch: ein geschlossener Stanniolmantel, durch Klammern zusammengehalten, wird um die Primärspule gelegt; Nachweis der Erwärmung des Stanniols durch Aufsetzen einer kleinen Thermoskophalbkugel auf die auf dem Tische liegende Primärspule. Es genügt, auf die liegende Spirale ein Stück Pappe zu legen, darauf ein Stück Stanniol zu legen und hierauf eine Thermoskophalbkugel zu setzen. Natürlich ist die Erwärmung durch Foucaultsche Ströme größer, wenn das Stanniol einen geschlossenen Ring bildet.

3. Transformationsversuche. Statt der mit Stanniolringen beklebten Glashalbkugeln kann man für manche Versuche die in Fig. 4 skizzierten einfachen Apparate in Verbindung mit dem Thermoskop be-

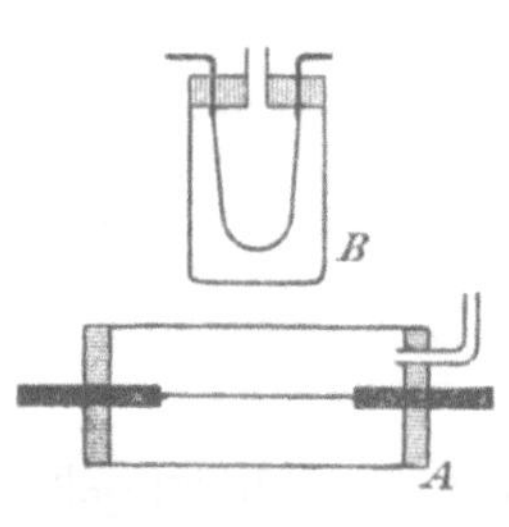

Fig. 4.

nutzen. In einem Lampenzylinder oder einem Becherglase dient dünner Draht von 10 bis 15 cm Länge als Hitzdraht; die dickeren Zuleitungsdrähte sind luftdicht in die als Abschluß dienenden Korkscheiben eingekittet. Ich benutzte als Hitzdraht meist 0,35 mm dicken verzinkten Eisendraht. Man gebraucht mehrere derartige Apparate, zwei genau gleiche und auch solche, die statt eines Drahtes zwei parallele enthalten für größere Stromstärken und geringen inneren Widerstand.

Die Apparate können für verschiedene Versuche gebraucht werden, z. B. als Ersatz für Glühlampen beim Impedanzversuch oder bei dem Grundversuch, der die Induktion zeigen soll. Daß man die Teslaprimärspule nicht bloß zur Herstellung hochgespannter Schwingungen in Verbindung mit einer Spule aus recht dünnem Draht gebrauchen kann, sondern auch zur Hervorbringung niedriggespannter Ströme von großer effektiver Stromstärke, zeigen schon die oben beschriebenen Versuche. Schaltet man einen der in Fig. 4 beschriebenen Apparate in Fig. 1 in Serie mit der Primärspule Sp, umwickelt ferner diese Spule mit 2 oder mehr Windungen eines gummiisolierten Kupferdrahtes, dessen Anfang und Ende mit den Zuleitungsdrähten eines gleichen Apparates Fig. 4 durch kurze Drähte verbunden werden, so kann man die Thermoskopausschläge vergleichen, besonders auch, wenn man die Anzahl der Windungen in der sekundären Wickelung varriiert. Ähnliche Versuche lassen sich anstellen, wenn in den sekundären Stromkreis eine Kapazität geschaltet wird; ich benutzte eine solche von 1 bis 6 Leidener Flaschen mittlerer Größen; $\tau = 2\pi \overline{LC}$, man vergleiche MÜLLER, *Zeitschr.* **19**, 152.

Schaltet man einen Apparat Fig. 4 in den Zweig ED oder GH des in Fig. 1 beschriebenen Schwingungskreises, einen gleichen in den Zweig EF oder HC oder auch EL bzw. HL, so läßt sich mit dem Doppelthermoskop die *Zeitschr.* **21**, 358 erwähnte Tatsache demonstrieren, daß der von dem Induktorium R gelieferte hochgespannte Strom durch die Leidener Flaschen in Hochfrequenzschwingungen niederer Spannung und großer effektiver Strom- verwandelt wird. Die Leidener Flaschen sind also auch Transformatoren. Der Apparat Fig. 4 B kann auch mit Alkohol gefüllt und die Temperatur- erhöhung mit einem Thermometer festgestellt werden.

4. **Interferenz und Absorption.** Die von mir früher beschriebenen Versuche, bei denen ein Blechring mit Hitzdraht und angeklebtem Farbblatt benutzt wurde, lassen sich in ähnlicher Weise zum Teil mit dem in Fig. 3 dargestellten Indikator ausführen. Dieser gestattet zuweilen messende Vergleiche.

Wird zwischen Sp und H in Fig. 3 eine Glasscheibe, Gummiplatte, Papptafel, flache Schale mit Wasser oder ein Drahtgitter gebracht, so beob- achtet man Thermoskopausschläge. Hält man eine Blechscheibe oder Kohlen- platte, ein Drahtnetz oder einen Blechring dazwischen, so beobachtet man Ab- sorption. Das Absorptionsvermögen entspricht dem Emissionsvermögen. Gute Leiter absorbieren fast alles.

Bei einem Versuche erhielt ich einen Ausschlag von 1,8 cm am Thermoskop in $1^1/_2$ Minuten, wobei sich zwischen Sp und der mit dem Stanniol- Induktionsring versehenen Halbkugel H (Fig. 3 I) nur Luft befand; hierauf in derselben Zeit einen Ausschlag von etwa 1,4 cm, als sich auf einer Papp- scheibe eine reichlich 1 cm hohe Schicht Messingspäne zwischen Sp und H befand; schließlich bei Wiederholung des ersten Versuchs 1,6 cm Ausschlag. Das Metallpulver absorbiert also nicht sehr viel; eine homogene Metallschicht würde alles absorbieren. — In ähnlicher Weise kann man Vergleiche an- stellen zwischen dem Absorptionsvermögen eines geschlossenen Blech- oder Drahtringes und eines geschlitzten Ringes. Desgleichen läßt sich die ver- schiedene Durchlässigkeit von ein oder mehreren Lagen dünner Metall- schichten gleicher Größe zeigen, z. B. von Blattgold, Schaumgold, Schaum- silber, dünnem und dickem Stanniol. Die Interferenzversuche entsprechen den in *Zeitschr.* **21**, 368 beschriebenen.

5. **Phasenverschiebung.** Durch Selbstinduktion erleiden Wechsel- ströme eine Phasenverschiebung in dem Sinne, daß der Strom hinter der Spannung zurückbleibt, durch Einschalten einer Kapazität eine solche im umgekehrten Sinne; durch beides gleichzeitig kann in bestimmten Fällen diese Verschiebung aufgehoben werden.

In Fig. 3 I hatte bei einem Versuche die Induktions-Halbkugel H von der aus 9 Windungen bestehenden Primärspule etwa 2,5 cm Abstand; es wurden in 2 Minuten etwa 22 mm Ausschlag am Thermoskop beobachtet. Hierauf wurde um die Primärspule eine dicht anliegende sekundäre Wickelung von 6 parallelen Windungen gelegt und diese kurz geschlossen; jetzt zeigte das Thermoskop in 2 Minuten kaum 1 mm Ausschlag. Schließlich wurde dieselbe sekundäre Wickelung nicht kurz geschlossen, sondern mit einer Batterie von 6 Leidener Flaschen verbunden; das Thermoskop zeigte in der nämlichen Zeit 21 mm Ausschlag. Die Stromstärke in der sekundären Wickelung war in den beiden letzten Fällen so groß, daß zwei parallele Widerstandsdrähte gelbes Thermoskoppapier rot färbten, war also ungefähr gleich. Die von der primären und sekundären Wickelung auf den Induktionsring H ausgeübte Wirkung hob sich in dem mittleren Versuche fast ganz auf, da der eine Wechselstrom gegen den anderen in der Phase verschoben ist.

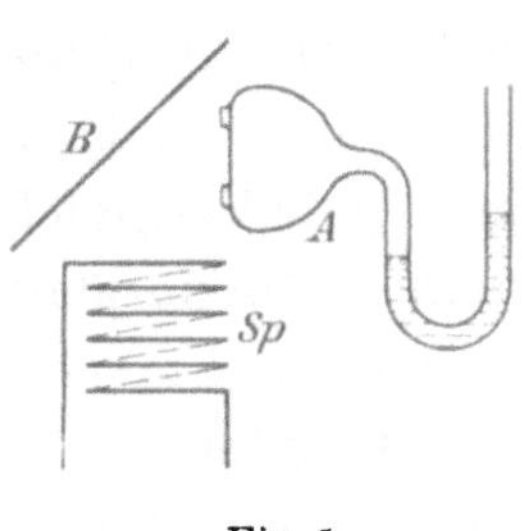

Fig. 5.

6. **Reflexion elektromagnetischer Schwingungen.** Stellt man die Thermoskophalbkugel mit dem Stanniolring, H in Fig. 3, nicht wie dort parallel zu der Primärspule Sp, sondern am Rande derselben senkrecht auf, A in Fig. 5, so beobachtet man am Thermoskop bei längerer Versuchsdauer ein geringes Steigen; dies wird stärker, wenn die Metallplatte B unter etwa 45^0 schräg zu Sender und Empfänger gehalten wird.

C. Anfertigung des Transformators. Abstimmung und andere Versuche.

1. **Anfertigung des Transformators.** An recht brauchbaren Teslatransformatoren besteht kein Mangel. Anfänglich wurden meist solche mit Ölisolation benutzt. Später ist von ELSTER und GEITEL eine Konstruktion mit einfacher Luftisolation zwischen der primären und sekundären Spirale angegeben. Jüngst ist von GRIMSEHL eine Anordnung beschrieben mit horizontaler Primärspule, deren Länge und Selbstinduktion bequem geändert werden kann. Jede dieser Konstruktionen hat je nach den anzustellenden Versuchen gewisse Vorzüge. Im vorhergehenden ist meist die von ELSTER und GEITEL herrührende Konstruktion benutzt, weil die Primärspule aus Kupferdrähten mit Gummiisolation besteht, und die Drähte also dicht aneinander liegen können, ohne daß zwischen ihnen Funken überspringen; die Spule kann ohne weiteres mit anderem Draht umwickelt, mit Stanniol oder anderen Gegenständen bedeckt und sogar ins Wasser gelegt werden. — Obwohl zahlreiche Schulen heute gekaufte Teslainstrumentarien besitzen, ist vielleicht der Hinweis ganz angebracht, daß die meisten der obigen Konstruktionen selbst angefertigt werden können. Oft werden auch Schüler durch einen derartigen Hinweis zur Selbstanfertigung veranlaßt werden können. Als Kapazität wird wohl meist eine größere Leidener Flasche oder zwei

mittlere in Frage kommen, die ohnehin im Besitz jeder Schule sind; FRANKLINsche Tafeln, die man selbst anfertigen kann, sind auch brauchbar. Über Selbstanfertigung eines Teslatransformators vergleiche man GRIMSEHL, *Zeitschr.* **13**, 92. Die folgende Konstruktion weicht in einigen Punkten, die bei späteren Versuchen in Betracht kommen, davon ab. Um eine Primärspule zu erhalten, habe ich ein rundes Batterieglas in der Bodenmitte durchbohren lassen, am einfachsten bei irgend einem Glaser, und den Mantel des Glases mit 7 bis 8 Windungen aus aneinandergelöteten Bleiblechstreifen von etwa 0,5 cm Breite umgeben. Bleiblech ist wenig elastisch, liegt also fast von selbst der Glaswand an und kann durch Siegellack noch hier und da etwas Halt bekommen. Diese Primärspule kann stehend benutzt werden oder auch horizontal in einer Zigarrenkiste liegend. Als Sekundärspule dient ein mit einer Lage 0,2 mm dicken Kupferdrahts umwickelter Glaszylinder; die Windungen des isolierten Drahtes liegen unmittelbar nebeneinander, dürfen sich nicht kreuzen, werden durch einige Tropfen Siegellack in ihrer Lage befestigt und führen zu Nägeln in der Mitte von Korken, die in die Öffnungen des Gaslampenzylinders gesteckt sind; einer dieser Nägel geht durch das Loch, welches in den Boden des Batterieglases gebohrt ist, der andere Nagel, zweiter Pol der Sekundärspule, wird durch ein kleines Holzstativ getragen so daß die Sekundärspule in der Mitte des Batterieglases bleibt.

2. **Abstimmungsversuche. Drahtlose Telegraphie.** Fast mit jedem Teslatransformator lassen sich Abstimmungsversuche anstellen. Zunächst ist die Länge der Funkenstrecke F, am besten zwischen Zinkkugeln, variabel. Ferner kann die Anzahl der Leidener Flaschen geändert werden, eine gibt nicht so kräftige Wirkungen in der zwischen den Polen der Sekundärspule eingeschalteten Funkenstrecke wie zwei parallel geschaltete Leidener Flaschen; schaltet man noch einige Flaschen mehr parallel, so wird die Wirkung wieder geringer. Die Primärspule ist, abgesehen von GRIMSEHLS Konstruktion, meist weniger bequem zu ändern, kann bei obiger Konstruktion aber auch in der Länge variiert werden. Sekundärspulen habe ich mir durch Schüler in größerer Anzahl herstellen lassen, längere und kürzere, auch solche mit nicht dicht anliegenden Windungen. Besonders notwendig sind zwei gleiche Spulen, von denen jede möglichst günstige Wirkungen gibt, um Resonanzversuche nach OUDIN ausführen zu können. Benutzt man eine etwa 10 cm zu lange Sekundärspule, die auf einen Gaslampenzylinder größten Formats gewickelt ist, so zeigt sich eine Vergrößerung der Wirkung, wenn man ein nicht zu schmales Stanniolblatt von 10 cm Länge auf das äußerste Ende der liegenden Sekundärspule fallen läßt; das überflüssige Ende wird kurz geschlossen und die Leistung des Transformators gesteigert. Verschiebt man das Stanniolblatt mit einer Gummistange nach der Mitte der Spirale zu, so wird die Wirkung wieder geringer.

Irgend ein Eisenkern ist nicht zu verwenden. Wird eine kürzere Sekundärspule vor die Primärspule gestellt, wobei man natürlich nur kleine

Funken erhält, und wird nun in die Primärspule eine Schachtel aus Eisenblech gehalten, so wird die Wirkung nicht stärker.

Die beiden gleichen Spulen wird man zu einer Demonstration der Funkentelegraphie benutzen können. Eine Spule, der Sender, wird Sekundärspule des Transformators; ein Pol wird zur Erde abgeleitet, der andere mit einem 1 m langen wagerechten oder senkrechten Sendedraht versehen. An der gegenüberliegenden Seite des Zimmers wird die zweite Spule, deren Pole durch eine GEISSLERsche Röhre verbunden sind, aufgestellt, mit einem Auffangedraht an einem Pol, während der andere geerdet ist. Bei dieser induktiven Koppelung der Sendespule braucht bei geringen Entfernungen die Abstimmung nicht so genau zu sein, wie bei dem direkten Anschluß an das eine Ende der in Resonanz befindlichen Primärspule.

Ein Sender für Versuche nach LODGE und LECHER. LODGES Resonanzversuch, der heute vielfach als einer der ersten Versuche zur Demonstration elektrischer Schwingungen im Unterricht benutzt wird, darf hier wohl als Sender erwähnt werden, da die Primärflasche nebst Bügel einfach einen Teslaschwingungskreis darstellt. Die Empfänger-Flasche entspricht der Sekundärspule des Teslatransformators.

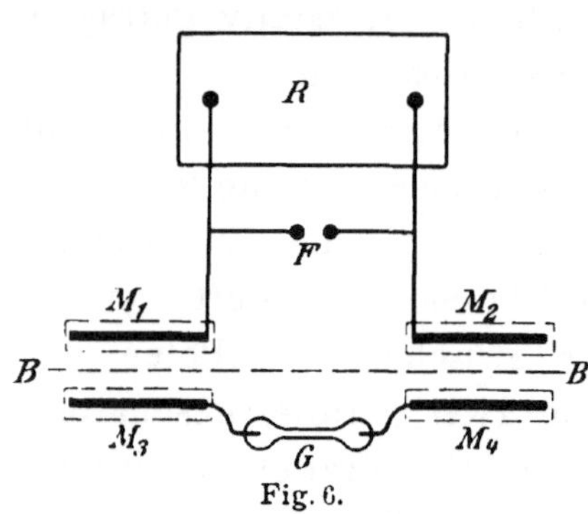

Fig. 6.

Eine Anordnung, die LODGES Verusch im Anfangsunterricht teilweise ersetzen kann, ist folgende. Als Erreger der Schwingungen benutze ich die alten Akkumulatorenplatten M_1 und M_2 (Fig. 6) in zwei dazu gehörigen Glasgefäßen, die mit Rillen versehen sind; jede Platte ist durch einen Draht mit je einem Pol des Induktoriums verbunden. Zwischen den Polen springen Funken, am besten in Öl über. Als Empfänger dienen genau gleiche Metallplatten M_3 und M_4 in ähnlichen Glasgefäßen gegenüber von $M_1 M_2$. Zwischen M_3 und M_4 ist die GEISSLERsche Röhre G oder eine Funkenstrecke zwischen Zinkspitzen eingeschaltet. Noch in etwa $^1/_2$ m Entfernung leuchtet die GEISSLERsche Röhre oder entstehen kleine Funken. Ein Brett, Glasscheibe oder Pappestück $B B$ läßt die Schwingungen durch, eine Metallscheibe oder der menschliche Körper nicht.

Für den bekannten LECHERschen Versuch zum Messen von Wellenlängen eignen sich dieselben Platten, man stellt aber M_1 und M_3 sowie M_2 und M_4 in je ein Glasgefäß. Von M_3 und M_4 gehen die LECHERschen Drähte aus; siehe unten.

Bei dem Versuch Fig. 6 und noch mehr bei LODGES Resonanzversuch empfiehlt sich übrigens die Untersuchung der Frage, ob ein dritter abgestimmter Apparat zwischen Sender und Empfänger die Schwingungen absorbiert. Die Absorption ist in der Anordnung Fig. 6 nur beträchtlich, wenn der mittlere Apparat keine Funkenstrecke enthält, die Metallplatten also durch einen Draht direkt verbunden sind.

Ich habe nachträglich gefunden, daß eine ähnliche Anordnung wie Fig. 6 für andere Versuche schon vor Jahren von Klemenčič beschrieben ist.

Ein Empfänger. Geeignete Sekundärspulen des Teslatransformators können als Empfänger zum Nachweis von Schwingungen dienen. Hierfür ist es aber vorteilhaft, wenn der dünne Draht nicht auf einen Gaslampenzylinder gewickelt ist, sondern auf ein rundes Glasgefäß, welches ungefähr denselben Durchmesser wie die Primärspule hat. Die Spule kann dafür kürzer sein. Die Enden der Spule führen zu einer Geisslerschen Röhre oder einer Funkenstrecke. Eine solche Sekundärspule habe ich mit Isolierband auf einem runden Holzteller befestigt, so daß die Windungsebenen auf der Holzebene senkrecht standen. Die Drahtenden führten zu einer leicht ansprechenden Geisslerschen Röhre auf der Rückseite des Holztellers, der seinerseits auf einen Holzstiel (Handhabe und Drehachse) genagelt war. Mit solchem Empfänger kann man z. B. in Fig. 6 das Feld zwischen M_1 und M_2 untersuchen, wenn diese einander zugekehrt oder vor einander gestellt werden; man kann auch M_1 auf den Tisch legen und M_2 darüber halten. Ebenso läßt sich das Feld ringsum eine Teslaprimärspule und der Verlauf der Kraftlinien untersuchen. Dieser Empfänger kann auch bei Versuchen über Absorption, Reflexion, Interferenz u. s. w. Benutzung finden. Näheres darüber im zweiten Teil. Hier demonstriert er zunächst die induktive Wirkung elektrischer Schwingungen, zusammen mit der Impedanz und Resonanz die am meisten auffallende Erscheinung.

Impedanzversuche. Beim Impedanzversuch in der bekannten Form, Kupferbügel oder Spirale mit Glühlampe im Teslaschwingungskreise, kann man den Versuch machen, in den andern Zweig des Schwingungskreises jenseits der Funkenstrecke einen ähnlichen Apparat oder aber eine andere Selbstinduktion, etwa einen Oudinschen Resonator, einzuschalten; die Glühlampe leuchtet weniger oder nicht, wenn der Impedanzbügel im Nebenzweige nicht durch eine Glühlampe überbrückt ist, etwas mehr, wenn dort eine gleiche Glühlampe eingeschaltet wird, und besonders hell, wenn dort noch ein kurzer Kupferdraht parallel zur Glühlampe geschaltet wird. Ähnliche Erscheinungen sind zu beobachten, wenn an einem im Nebenzweige eingeschalteten Oudinschen Resonator gedreht wird. Ein Teil der an dem Impedanzversuch zu beobachtenden Merkwürdigkeiten scheint auf die Unsymmetrie in den Zweigen unseres Schwingungskreises zu beiden Seiten der Funkenstrecke in Fig. 1 zu kommen.

Schaltet man beim gewöhnlichen Impedanzversuch parallel zur Glühlampe noch eine Batterie Leidener Flaschen, so leuchtet die Lampe heller.

Daß die Selbstinduktion, genauer die Erzeugung des Feldes, die Hauptursache der scheinbaren Widerstandsvergrößerung ist, zeigt folgender Versuch. Man benutze die Teslaprimärspule von Elster und Geitel, Sp in Fig. 1, und schalte parallel dazu eine Funkenstrecke F_1, am besten zwischen den bekannten Kreisringen für Teslastrahlungen. Die Tatsache, daß bei F_1

Funken überspringen, zeigt die Impedanz der Teslaprimärspule an. Wird um diese Spule ein geschlossener zylindrischer Blechring gelegt und ein zweiter hineingehalten, so wird das Funkenüberspringen bei F_1 geringer werden. Das Feld beeinflußt also die Impedanz der Spule Sp. In den Ringen werden Ströme von 180⁰ Phasendifferenz induziert, die rückwärts auf die Primärspule wirken, wieder mit 180⁰ Phasenunterschied, d. h. mit 360 Phasenverschiebung gegen den primären Strom; dieser wird also verstärkt. Es ist das die aus der Theorie der Transformation bekannte Tatsache, daß ein idealer Transformator bei geschlossener Sekundärspule keine Selbstinduktion besitzt; hier wird sie wenigstens erheblich geringer.

D. Lichtwirkungen.

1. **Einleitung.** Allbekannt ist, daß mit den hochgespannten Teslaströmen eine Reihe von Wirkungen erzielt werden kann, die zu den glänzendsten Erscheinungen der Physik gehören: Leuchten von GEISSLERschen Röhren im Hochfrequenzfelde zwischen Metallplatten ohne metallischen Kontakt; Versuch mit der Teslahandröhre; Lichterscheinungen zwischen parallelen Drähten oder Drahtkreisen; Entladung zwischen Messingspänen, die mit Gummi auf einen längerem Glasstreifen befestigt sind; Funken in einer Kapillare; Durchschlagen und Durchleuchten von größeren Zuckerstücken und Gips führt man am bequemsten auch mit Teslaströmen aus.

2. **Flammenversuche.** Da die Flamme eines Bunsenbrenners ein Leiter ist, der bekantlich auch Spitzenwirkung zeigt, so soll man nicht versäumen, diese Erscheinung mit Teslaströmen zu demonstrieren. Wird der Metallfuß des Brenners mit einem Pol des Transformators verbunden, so flammt das Gas nach dem Aufdrehen meist von selbst auf. Wird die Flamme ziemlich klein gedreht, so zeigt sich, daß die Spitze der Flamme Elektrizität ausstrahlt (Zimmer verdunkeln!); recht schön auch, wenn die kleine Flamme „durchschlägt". Wird eine Stricknadel, die mit dem anderen Pol des Transformators verbunden ist, an isolierendem Griffe über die Flamme gehalten, so zeigt sich eine der schönsten Lichterscheinungen, die mit Teslaströmen gemacht werden können, ein intensives blauviolettes Leuchten, besonders des oberen Teiles der Flamme, und in den aufsteigenden Verbrennungsgasen büschelförmige Verästelungen. Das Licht erinnert an das mancher GEISSLERschen Röhren; man bringe auch einen Bariumplatincyanürschirm in die Nähe der Flamme. Man halte die Stricknadel ferner in die Flamme und auch neben dieselbe, so daß die Funken durch eine Luftfunkenstrecke zur Flamme überspringen müssen. — Versuche mit zwei Bunsenbrennern, die mit demselben oder mit verschiedenen Polen verbunden werden. — Ein mit Pol I verbundener Drahtring über der mit Pol II verbundenen Flamme. — Benutzt man den Rühmkorff direkt, so ist die Strahlung nicht so bedeutend; es ist ferner ein Unterschied zu beobachten, je nachdem

die Flamme positiv oder negativ ist; springen in letzterem Falle möglichst lange Funken von der den positiven Pol bildenden Stricknadel zur Flamme (negativer Pol) über, so beobachtet man beim Kommutieren des Primärstromes, daß die Funken nicht mehr überspringen; nicht so bei Benutzung des Teslatransformators. — Schaltet man die Flammen-Funkenstrecke in den Primärkreis an Stelle von *Sp* in Fig. 1, so erhält man in der Flamme unter lautem Geräusch ein kräftig leuchtendes Band; wird in der benutzten Batterie *L* die Anzahl der Flaschen geändert, so ist dies von Einfluß auf die Lichterscheinung.

3. **Sankt Elmsfeuer.** Die Ausstrahlung der Elektrizität, die infolge der hohen Spannung aus dem Knopf des Teslatransformators, aus damit verbundenen Drähten oder aus der Flamme des Bunsenbrenners erfolgt, erinnert lebhaft an das St. Elmsfeuer. Es empfiehlt sich vielleicht, auch die Ausstrahlung aus nicht zu langen, saftigen Pflanzenteilen oder dgl. zu zeigen, die man an den Knopf des Transformators bindet; die Ausstrahlung macht man bekanntlich deutlicher sichtbar durch Heranhalten von Bariumplatincyanürpapier oder irgend einem anderen Leuchtschirm. Auch aus der Spitze eines Fingers erhält man wohl auf dem Leuchtschirm einen leuchtenden Fleck, wenn man mit dem Daumen derselben Hand den Knopf des Transformators berührt; sicher tritt dies ein, wenn außerdem noch der Holzrahmen des Leuchtschirmes mit dem anderen Pol des Transformators verbunden ist.

4. **Darstellung von Kraftlinien auf dem Leuchtschirm.** Die Darstellung elektrischer Kraftlinien mit Benutzung von Teslaströmen ist wohl meist bekannt. Gewöhnlich werden auch verschiedene Nebenapparate dem Transformator zu diesem Zwecke beigegeben. Ich möchte nun vorschlagen, die Darstellung elektrischer Kraftlinien mit Teslaströmen auf Bariumplatincyanürpapier oder ähnlichen Leuchtschirmen auszuführen. Man erhält so eine Reihe glänzender Versuche. Man muß sich nur hüten, auf dem Schirme längere Zeit hindurch wirkliche Funken an derselben Stelle überspringen zu lassen, der kostbare Schirm wird dabei leicht beschädigt, er zeigt an diesen Stellen ein „verbranntes" Aussehen. Herr Prof. Mie meint[1]), und wohl mit Recht, daß die Elektrostatik unbedingt als das Einfachste der ganzen Elektrizitätslehre zugrunde gelegt werden muß. Will man den Begriff eines elektrischen Feldes entwickeln, so muß man auch eine Anschauung davon geben. Die von Herrn Prof. Mie gegebene Anordnung hat wohl den Vorzug größerer Einfachheit. Man kann übrigens das Teslainstrumentarium auch mit einer Influenzmaschine betreiben, die Versuche verlieren dadurch aber, da dann die Funken nur selten überspringen, und der Schirm nur zeitweise leuchtet. Schließlich ist es auch kein Fehler, wenn Versuche, die in der Elektrostatik am besten wohl nach der Mieschen Methode ausgeführt sind, später nach anderen Methoden noch einmal gezeigt werden.

---

[1]) Vgl. *Zeitschr.* 19, 154.

a) Zwei Stanniolstreifen oder zwei 0,2 mm dicke, blanke Drähte werden parallel zueinander in nicht zu naher Entfernung auf dem Schirm ausgespannt und mit einem Pol des Transformators verbunden; es erscheint im verdunkelten Zimmer ein homogenes Feld paralleler Linien zwischen den Drähten.

b) Ein sternförmiges Feld erhält man, wenn man eine kreisförmige Metallscheibe, größeres Messinggewicht oder eine Weißblechdose mit glattem Deckel auf den Leuchtschirm setzt und mit einem Pol verbindet.

c) Wird bei Versuch b noch ein größerer Drahtring, der mit dem anderen Pol verbunden ist, konzentrisch zu der Metallscheibe auf den Leuchtschirm gelegt, so erhält man die bekannte ringförmige Lichtfigur besonders intensiv.

d) Zwei kreisförmige Metallscheiben, wie in Versuch b mit je einem Pol des Transformators verbunden, auf dem Bariumplatincyanürschirm in einiger Entfernung geben eine Lichterscheinung entsprechend den Kraftlinien zwischen zwei ungleichnamigen Magnetpolen.

e) Zwei benachbarte Metallscheiben, die mit demselben Pol verbunden sind, gegenüber einem Draht, der mit dem anderen Pol verbunden ist, zeigen die Abstoßung gleichartiger Kraftlinien, entsprechend wie bei gleichnamigen Magnetpolen. — Versuche mit 4 Metallscheiben in verschiedener Verbindung.

f) Eine Spitze, mit einem Pol verbunden, gegenüber einem Draht, der mit dem anderen Pol verbunden ist. Stehen zwei Spitzen einander gegenüber, und wird ein Draht, der auf dem Schirm liegt, beiden auf etwa gleichen Abstand genähert, so zieht er die Kraftlinien in sich hinein, die Ausstrahlung, von den Spitzen erfolgt nicht mehr so stark nach der gegenüberstehenden Spitze, sondern nach dem Draht zu. — Ein Metallring, etwa ein Fingerring, in dem homogenen Felde in Versuch a lenkt die Strahlen ab, in sich hinein, und im Innern des Ringes entsteht eine wenig von Kraftlinien durchsetzte Stelle des Feldes.

g) Ein gebogener Draht zeigt Ausstrahlung besonders an der Außenseite. Versuch mit einem elektrischen Flugrädchen; die Mitte des auf dem Leuchtschirm liegenden Rädchens ist mit einem Pol des Transformators verbunden.

Wenn die Bariumplatincyanürschirme billiger wären, würde es sich empfehlen, eine Reihe von solchen mit Stanniolfiguren zu bekleben und in vertikaler Stellung zur Kraftliniendarstellung zu benutzen. Bei meinem Versuchen lag der Schirm auf dem Tische, die Schüler mußten einzeln herantreten, ein Nachteil, zumal wenn das Zimmer verdunkelt ist.

Andere Leuchtschirme habe ich auch untersucht, z.B. einen Verstärkungsschirm für Röntgenphotographie, der bläuliche Lichterscheinungen gibt und daher für subjektive Beobachtungen weniger brauchbar ist. Einmal habe ich auch einen Zinksulfidschirm probiert, der nachleuchtet. Am schönsten sind mir die Strahlungen auf dem Bariumplatincyanürschirm erschienen.

5. **Weitere Versuche mit dem Leuchtschirm.** In der Elektrostastik ist der Leuchtschirm ebenfalls zur Sichtbarmachung von Ausstrahlungen verwendbar, Versuche, die sich bisher noch nicht allgemein eingebürgert haben. Ein Messinggewicht auf dem Röntgenschirm zeigt den in *Zeitschr.* 19. 1906, S. 155, Fig. 1*a* dargestellten Stern nur dann, wenn es mit dem positiven Pol einer größeren Influenzmaschine verbunden ist; bei einer Verbindung mit dem negativen Pol beobachtet man einige leuchtende Punkte ringsum. Ebenso wird die l. c. dargestellte Fig. 2*a* nicht beobachtet, wenn zwei Elektroden, die in größerer Entfernung auf dem Schirm einander gegenüberstehen, mit den verschiedenen Polen der Influenzmaschine verbunden werden; an der negativen Seite ist die Ausstrahlung anders. Letztere Beobachtung kann man natürlich auch mit einem mittleren Induktionsapparat machen, wenn eine nicht zu kleine Funkenstrecke eingeschaltet ist, und parallel dazu in etwas größerem Abstande Metallklötze für Büschelentladung auf dem Leuchtschirm angeordnet sind. Der Versuch kann natürlich zur Polbestimmung gebraucht werden, wenn der Induktor, wie meist, mit Gleichstrom betrieben wird. Der Versuch gibt bei einer Parallelschaltung zu der Funkenstrecke des Teslaprimärkreises keine sehr glänzende Erscheinung; der Teslasekundärkreis ist schon oben erwähnt.

Wird eine Spitze, es genügt das Ende einer Stricknadel, auf dem Schirm einem Metallklotz gegenübergestellt, so beobachtet man auch je nach den Verbindungen mit den Polen der Influenzmaschine oder des Induktoriums Verschiedenheiten; das Induktorium ist hierbei bequemer, da Kommutieren des Primärstromes sofort die umgekehrte Erscheinung zeigt. Zwei dünne Drähte als Elektroden in einiger Entfernung von einer auf dem Schirm liegenden Stricknadel zeigen die Unterschiede in der Ausstrahlung positiver und negativer Elektrizität nebeneinander. Derartige Versuche können als Ersatz für die Darstellung der LICHTENBERGschen Figuren dienen. Es entstehen leicht hierbei in dem Schirm kleine Löcher, die aber für die anderweitige Verwendung des Schirmes nicht schädlich sind, da er ja auf der Rückseite von neuem mit schwarzem Papier beklebt werden kann.

6. **Beobachtung kleiner Funken.** Folgender Stromlinienversuch mit hochgespannten Strömen ist mir interessant erschienen. 0,2 mm dicker, blanker Nickelindraht oder feiner Kupferdraht, der mit einem Pol des Teslatransformators verbunden ist, wird mit der Spitze einige mm tief in Wasser getaucht, das durch eine größere Elektrode nebst Verbindungsdraht unter Einschaltung einer Funkenstrecke mit dem anderen Pol des Transformators verbunden ist. Man beobachtet, daß kleine Funken vom Draht ringsum durch die Luft zur Wasserfläche überspringen. Bei tiefem Eintauchen des feinen Drahtes verschwindet die Erscheinung, in angesäuertem Wasser gelingt sie überhaupt nicht. Ist der dünne Draht an der Wasseroberfläche gebogen, so beobachtet man kleine Lichtbüschel an beiden Eintauchstellen. Die Erscheinung hängt mit der hohen Spannung zusammen und erinnert auch an

einen Impedanzversuch im kleinen. Ähnliches beobachtet man, wenn eine Stricknadel als Elektrode in eine Flamme gehalten wird, oder auch an der menschlichen Haut, wenn ein Finger durch umwickelten Draht mit einem Pol verbunden ist, und eine mit dem anderen Pol verbundene Nadel etwa 1—2 mm tief in den Finger gestochen wird.

Legt man auf die Primärspule des Teslatransformators ein Stück Pappe und darauf eine Stanniolscheibe von dem Durchmesser der Primärspule, im Lichten gemessen, so beobachtet man oft, wenn die Zinnfolie am Rande nicht glatt geschnitten ist, sondern kleine Risse hat, einen gänzlichen Zerfall des Stanniolblatts. Es entstehen Induktionsströme, FOUCAULTsche Ströme in der Scheibe; diese müssen den Riß umgehen, es entstehen kleine Fünkchen dicht vor der Spitze der Einkerbung, eine Art Impedanzversuch. Infolge Durchschmelzens des Stanniols durch die kleinen Funken wird der Riß größer, es entstehen baumartige Verästelungen; die Kreisscheibe zerfällt in mehrere Lappen. Mit anderen Metallblättern, Blattgold, Schaumgold, Schaumsilber ist Ähnliches zu beobachten. Stellt man auf die Teslaprimärspule eine Schachtel, die etwa 1 cm hoch mit Metallpulver gefüllt ist, so beobachtet man auch kleine Funken in dem Pulver; ich habe nicht zu feine Messingspäne hierfür benutzt; die nämliche Erscheinung ist an manchen Drahtnetzen zu beobachten.

Springen die von einem Teslatransformator gelieferten Funken zwischen zwei recht dünnen Drähten als Elektroden möglichst kontinuierlich über, so beobachtet man, daß die Funken nicht bloß von der Spitze der Drähte ausgehen, die Drähte sind einige mm weit vom Ende ganz von dem Funken umhüllt. Die Benutzung des Transformators für diesen Versuch empfiehlt sich, da man dann die Drähte bei der Regulierung der Funkenstrecke ohne Gefahr berühren kann. Bei direkter Benutzung des Rühmkorff oder noch besser, wenn die dünnen Drähte Elektroden der Funkenstrecke F (Fig. 1) des Teslaprimärkreises sind, schmelzen die Drähte am Ende leicht ab, in erster Linie natürlich die Spitze der Kathode. Benutzt man Magnesiumband als Elektroden, so wird das Abbrennen der Kathode besonders eindrucksvoll. Bei kleineren Apparaten empfiehlt es sich, das zu breite Magnesiumband zu halbieren.

7. Leitfähigkeit des Glases bei hoher Temperatur. Die große Wärmemenge, welche von der Teslaprimärfunkenstrecke erzeugt wird, zeigt schon der letzte Versuch. Die Funkenstrecke erinnert in manchen Stücken an einen Flammenbogen. Verlegt man nun die Funkenstrecke bei Benutzung von Stricknadeln als Elektroden in eine Glasröhre, so wird durch die aufsteigende Wärme über dem Funken das Glas sehr bald leitend; statt eines Funkens zwischen den Enden der Stricknadeln beobachtet man deren zwei, je einen zwischen dem Stricknadelende und der oberen Glaswand. Der anfänglich kurze Abstand der Stricknadeln kann allmählich vergrößert werden. Nach Beendigung des Versuchs ist die Spur des Elektrizitätsüberganges in dem Glase zu erkennen.

8. **Fließen Teslaströme nur an der Oberfläche?** Bei den elektrischen Schwingungen hoher Frequenz des Primärzweiges der Teslaanordnung läßt sich zeigen, daß in metallischen Leitern eine Bevorzugung der Oberfläche eintritt, eine Erscheinung, die heute ziemlich allgemein als durch Selbstinduktion verursacht erklärt wird. Dementsprechend findet diese Bevorzugung der Oberfläche nicht statt bei Spiralen von hoher Selbstinduktion, wenn im Innern ein gerader Draht oder auch eine GEISSLERsche Röhre parallel zur Spirale geschaltet ist, und auch nicht in Leitern zweiter Klasse, die keine große Selbstinduktion besitzen. Die beim Impedanzversuch benutzte Glühlampe leuchtet auch trotz blanker Zuleitungsdrähte beim Hineindrücken in Wasser, der ganze Impedanzversuch gelingt in einer großen Porzellanwanne mit Leitungswasser ebenso wie in Luft.

Besteht die Sekundärspule des Transformators aus nicht allzu vielen Windungen nicht sehr dünnen Drahtes, z. B. bei dem bekannten Induktionsversuch mit Glühlampenbenutzung, so liegen die Verhältnisse genau wie bei den Schwingungen im Primärkreise. Verwickelter werden die Erscheinungen aber offenbar bei Sekundärspulen aus sehr vielen Windungen recht dünnen Drahtes. Der Nachweis, daß in metallischen Leitern die Oberfläche bevorzugt wird, ist schwer zu erbringen, da die Stromstärke so außerordentlich gering ist. Es liegt freilich kein Grund zu der Annahme vor, daß es hier anders ist, denn die hohe Frequenz und Selbstinduktion sind in gleicher Weise wirksam. Bei nichtmetallischen Leitern, bei denen nennenswerte Selbstinduktion doch nicht vorhanden ist, wäre bei wirklichen elektrischen Strömen ein Fließen durch das ganze Innere zu erwarten; das scheint aber nicht immer der Fall zu sein. Auszuschließen sind zunächst die Versuche, bei denen nur einpolige Berührung stattfindet und elektrostatische Tatsachen mitsprechen. Auf die physiologischen Wirkungen will ich später eingehen.

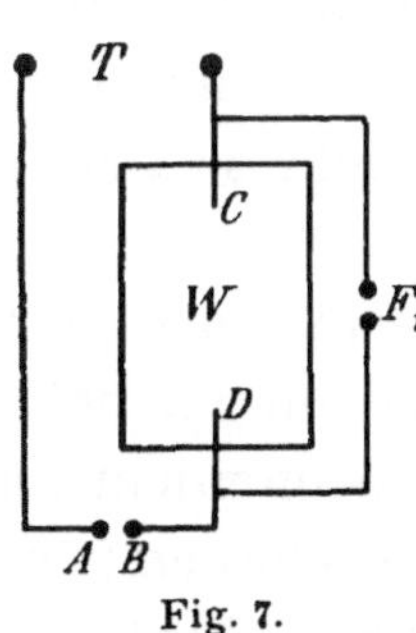

Fig. 7.

Der oben beschriebene Versuch, daß sich an dünnem Draht, der wenig in Wasser taucht, kleine Fünkchen vom Draht durch die Luft zur Wasseroberfläche bilden, beweist, daß ein gewisser Bruchteil dieser Teslaströme durch das Innere des Wassers fließen kann, denn bei tieferem Eintauchen verschwindet die Erscheinung. Daß man auch im Wasser beim Streichen mit einem Drahte über eine Feile kleine Funken erhalten kann (Luftfunkenstrecke einschalten!), beweist dasselbe.

Schaltet man in Fig. 7 in den Schwingungskreis der Sekundärspule des Teslatransformators T eine Wasserwanne W mit den Drähten C und D als Elektroden und parallel dazu eine Drahtleitung, die bei F_1 eine kleine Unterbrechung hat, so zeigt sich die schlechte Leitfähigkeit des Wassers daran, daß bei F_1 kleine Funken überspringen. Wird diese Funkenstrecke F_1 möglichst groß gewählt, so daß eben noch Funken überspringen, und taucht man in das Wasser einen passenden Draht an isolierendem Griff, so daß die Elektroden C und D unter Wasser leitend verbunden sind, so hören die Funken bei F_1 auf, selbst wenn man die Funkenstrecke F_1 jetzt erheblich verkürzt; auch ein Zeichen dafür, daß die Elektrizität in diesem Falle in dem Gefäß W nicht ausschließlich an der Oberfläche verläuft. Der Versuch gelingt nur, wenn die außerdem eingeschaltete Luftfunkenstrecke $A B$ etwa 1 bis 1,5 cm lang ist, nicht aber, wenn diese gleich Null ist.

GRÄTZ schreibt in der 6. Auflage von „Die Elektrizität und ihre Anwendungen", daß einige cm Kupferdraht diese hochgespannte Elektrizität schlechter leiten als Luft. „Die Entladungen gehen bei diesen Versuchen leichter durch die Luft als durch Drähte." Nach Obigem trifft diese Behauptung in solcher Allgemeinheit nicht ganz zu. Man vergleiche auch die dort auf Seite 255 und 256 gegebene Theorie der elektrischen Ströme; „die leitenden Körper sind also eigentlich Nichtleiter", selbst für die Ströme eines einfachen galvanischen Elementes als gültig angenommen. Für eine historische Behandlung der wechselnden Anschauungen über den Verlauf elektrischer Ströme können die dort entwickelten Theorien, die noch vor wenigen Jahren allgemeine Anerkennung fanden, gelegentlich auch wohl im Unterricht herangezogen werden und verdienen somit auch heute noch eine gewisse Beachtung.

9. Versuche mit GEISSLERschen Röhren und Glühlampen. Wie man kleine Funken in Wasser mit den Schwingungen der Teslasekundärspule erzielen kann, so gelingt es auch, GEISSLERsche·Röhren in Wasser zum Leuchten zu bringen. Nicht alle Röhren eignen sich gleich gut dazu, die Zuleitungsdrähte müssen die Metallkappen der Röhren wirklich berühren, da auch kleine Funkenstrecken in Wasser schwerer zu durchschlagen sind als in Luft; die Einschaltung einer passenden Funkenstrecke in Luft in den sekundären Schwingungskreis ist zu empfehlen. Es ist mir aufgefallen, daß der entsprechende Versuch mit direkter Benutzung des Rühmkorff nicht gelingen wollte. Ebenso kann man GEISSLERsche Röhren im Innern einer Spirale zu schwachem Leuchten bringen; dieser Versuch gelingt aber nicht so gut wie bei Benutzung des Teslaprimärschwingungskreises.

DRESSEL erwähnt in seinem Lehrbuch der Physik (II. Aufl.) als Merkwürdigkeit, daß in Glühlampen ein Glühen des Kohlenfadens nur an beiden Enden zu beobachten ist, während der übrige Raum mit Glimmlicht ausgefüllt ist. Für das Gelingen des von DRESSEL gemeinten Versuches empfiehlt sich die Benutzung einer Sekundärspule aus nicht allzu dünnem Drahte. Es ist wahrscheinlich, daß DRESSELs Deutung der Erscheinung richtig ist; daneben ist es aber vielleicht auch richtig, wenn man umgekehrt das Nichtleuchten des luftleeren Raumes bei gewöhnlichen Glühlampen als Merkwürdigkeit ansieht. Es ist eine gewisse Spannung erforderlich, damit GEISSLERlicht von der Kathode ausgeht, diese ist bei gewöhnlichen Glühlampen eben nicht vorhanden bei Benutzung gewöhnlichen Gleichstroms. Die Spannung, die zur Hervorbringung des Mitleuchtens des leeren Raumes erforderlich ist, hängt von der Natur und Temperatur der benutzten Glühkörper ab; bei dem Versuch, die Glühkörper der Nernstlampe im luftleeren Raume zum Leuchten zu bringen, tritt das Glimmlicht ohne weiteres auf. Es läßt sich leicht nachweisen, daß aus einem blanken Draht, der in irgend einer gutleitenden Salzlösung liegt, bei jeder Stromart Stromlinien austreten. Zu erwähnen sind ferner die vagabondierenden Ströme, die in unseren elektrischen Anlagen aus den blanken Erdleitungen austreten. Auch bei Benutzung des Teslaprimärkreises tritt das Mitleuchten des Vakuums einer zweipolig verbundenen Glühlampe ein, meist aber nicht sofort bei ganz neuen Lampen[1]). Die durch die hohe Spannung bedingte teilweise Zerstäubung des Kohlenfadens und eine etwaige Änderung des Vakuums muß bei der Erklärung auch berücksichtigt werden.

Als Ergebnis dieser letzten Beobachtungen möchte ich hinstellen, daß der Verlauf der Teslaströme in Leitern zweiter Klasse in gewissen Fällen auch durch das Innere erfolgt. Die physiologischen Wirkungen sollen später behandelt werden.

E. Chemische Wirkungen.

Wird ein Ozonisator mit den Polen der Sekundärspule eines Teslatransformators verbunden, so beobachtet man beim Hindurchblasen von Luft mit einem Handgebläse oder von Sauerstoff aus einer Stahlflasche, daß sich Ozon gebildet hat. Nachweis durch Bläuung von Jodkaliumstärkekleister und Entfärbung organischer Farbstoffe. Der Ozonisator enthielt zwei innen versilberte Glasröhren als Elektroden in einem weiteren Glasrohr, durch welches die Luft geblasen wurde. Es handelt sich also um die sogenannte stille Entladung durch Glas. Der Ozonisator war parallel zu einer kleinen Funkenstrecke geschaltet, und man sah, wie die Elektrodenröhren im Dunkeln Ausstrahlungen zeigten wie bei dem bekannten Versuch mit blanken, parallelen Drähten. Die ozonisierende Wirkung dieser hochgespannten Elektrizität war ähnlich wie bei der Verbindung mit den Polen eines Rühmkorff, wenn dort eine gleich lange Funkenstrecke parallel geschaltet war. Die Wirkung blieb aus, als der Ozonisator parallel zu der Funkenstrecke F in Fig. 1 im Teslaprimärkreise geschaltet wurde. Letzteres erklärt sich wohl so, daß der Ozonisator einen kleinen Kondensator darstellt, und in Fig. 1 schon Leidener Flaschen parallel zur Funkenstrecke geschaltet sind, deren Metallbeläge einander näher sind als die des Ozonisators.

Ist es gestattet, diese sogenannte stille Entladung, die durch Glas hindurch erfolgt und ebenso wie kaltes Licht in elektrodenlosen Glasröhren entsteht, z. B. beim Versuch mit der Teslahandröhre, — ist es gestattet, diese Wirkung in Parallele zu stellen mit den chemischen Wirkungen der Licht-

---

[1]) Man vergleiche ferner das in dem Aufsatz von G. MAHLER, Zeitschr. **22**, 98 (1908). über den Edisoneffekt Gesagte.

strahlen? Auch von diesen wird behauptet, daß sie Ozon erzeugen; darauf soll die Rasenbleiche und die kräftige Bräunung der Gesichter am Meeresstrande beruhen.

Ein derartiger Ozonisator, der aus zwei innen versilberten Glasröhren besteht, die einander parallel sind 'und von einem weiteren Glasmantel umhüllt werden, stellt übrigens, wie sofort ersichtlich, einen Sender von elektrischen Wellen dar. Auch als Empfänger kann er benutzt werden; man stelle ihn zwischen zwei Blechplatten, die mit den Polen des Induktoriums in Verbindung stehen, und führe kurze Drähte nach einer kleinen Funkenstrecke (zwischen Zinkspitzen) von den Platinösen aus, die die Verbindung mit dem Silberbelag im Ozonisator vermitteln.

Funken in anderen Medien. Da in dem Teslaprimärkreise eine nicht unerhebliche Stromstärke vorhanden ist, eignet sich die Funkenstrecke zur Hervorbringung chemischer Wirkungen. Bekannt ist, daß Funken in Petroleum nach kurzer Zeit Kohlenstoffabscheidung hervorbringen. Auch in Alkohol und Tetrachlorkohlenstoff habe ich Trübungen beobachtet, die aber beim Alkohol braun waren. Versuche mit Funken in andern Gasen als Luft.

Versuche mit Polsucher und Wasserzersetzungsapparat. Schaltet man statt der Teslaprimärspule eine U-Röhre mit Platindrahtelektroden und Polreagenzflüssigkeit in den Schwingungskreis ein, so tritt sofort an einer Seite lebhafte Rotfärbung ein. Es handelt sich also in erster Linie um zerhackten Gleichstrom. Der großen Stromstärke entsprechend tritt die Wirkung sofort intensiv ein. In dem Schwingungskreise befand sich natürlich auch eine Luftfunkenstrecke. Auffallend ist bei einem derartigen Versuch, daß die Glasröhre sehr bald durch die leitende Flüssigkeit stark erwärmt wird. — Wird der Polsucher der Teslaprimärspule parallel geschaltet, so tritt keine Rotfärbung auf, da Wechselströme den Apparat durchfließen.

Bei einigen Versuchen mit Wasserzersetzungsapparaten war auffallend, daß die Apparate sehr bald unbrauchbar wurden. Die Elektrodenzuleitungsdrähte befanden sich in gebogenen Glasröhren, an deren einem Ende eingeschmolzene Platindrähte zu den Elektroden führten; über letztere waren Reagenzgläser gestülpt. An der Austrittsstelle aus dem Glase sprangen kleine Funken in die Flüssigkeit über, durch die allmählich ein Sprung in das Glas gefressen wurde. Die Stromlinien sollen um fast 180⁰ umbiegen, das verursacht in Verbindung mit der hohen Spannung die Fünkchen, eine Impedanzerscheinung ähnlich dem oben beschriebenen Zerfall des Stanniols.

Versuche mit elektrolytischen Unterbrechern im Schwingungskreise. Da im Teslaprimärkreise namhafte Stromstärken zu beobachten sind, so versuchte ich auch elektrolytische Unterbrecher einzuschalten. Bei einem Simonunterbrecher, der in einer Porzellanwand eine Öffnung von 1 mm Durchmesser hatte, sah ich an der Verengung einen ringsum infolge kleiner Funken leuchtenden Kreis mit dunkler Mitte. Ich folgerte zunächst aus der Erscheinung, daß daraus auf eine Bevorzugung der Oberfläche geschlossen werden muß; vielleicht ist es aber nur eine einfache Stromlinienerscheinung, die durch das Umbiegen der Linien hervorgerufen ist. Auch ein Wehneltunterbrecher, mit sehr dünnem, kurzen Platindraht funktionierte unter Verursachung großen Lärms und Wasserzersetzung. Die Lichterscheinung wechselte beim Kommutieren des Primärstromes des Induktors. In einem Falle sah man ein Lichtbüschel da, wo der Platindraht aus dem Glase kam, und ein zweites an dem einige mm entfernten freien Ende in der Flüssigkeit, ein Zeichen dafür, daß auch das Innere der Flüssigkeit leitet.

Sender und Empfänger aus verdünnter Schwefelsäure. Eine Glasröhre in der Form einer Spirale aus einem Destillierapparat wurde unten mit einer eingekitteten Elektrode versehen und mit 30 proz. Schwefelsäure gefüllt. Oben war ebenfalls eine Bleielektrode eingetaucht. Als Sender übte diese Spirale auf ein herumgelegtes Blech eine geringfügige Induktionswirkung aus, die an kleinen Fünkchen an der Berührungsstelle zu erkennen war. Als Empfänger an Stelle der Teslasekundärspule erhielt man ebenfalls einige Wirkung an einer kleinen Funkenstrecke.

F. Elektrische Schwingungen, besonders Teslaströme und der menschliche Körper.

1. Der Teslaprimärkreis. Bei den elektrischen Schwingungen hoher Frequenz des Primärzweiges der Teslaanordnung tritt in metallischen Leitern hauptsächlich wohl infolge der Selbstinduktion eine Bevorzugung der Oberfläche ein; die Bevorzugung findet aber nicht statt bei Spiralen von hoher Selbstinduktion, wenn im Innern etwa ein gerader Draht parallel zur Spirale geschaltet ist, und auch nicht in gleichem Maße in Leitern zweiter Klasse, die keine große Selbstinduktion besitzen. An einer Spirale aus nicht zu dickem, blankem Draht kann man bei kleinerem Instrumentarium, dessen Berührung ungefährlich ist, durch Berührung mit zwei Fingern derselben Hand feststellen, daß die physiologische Wirkung um so größer ist, je weiter die Finger gespreizt werden; dies entspricht der Zunahme der Potentialdifferenz. Der Versuch gelingt in gleicher Weise mit einer Spirale aus blankem Draht, die in Leitungswasser getaucht ist. Etwas Elektrizität fließt natürlich durch das Wasser, man erhält aber die größte Wirkung erst dann, wenn die Spirale berührt wird.

Schickt man die Schwingungen durch eine Wanne mit Wasser, in dem ein länglicher Blechstreifen liegt, so kann man durch Eintauchen von zwei gespreizten Fingern feststellen, daß über dem Blechstreifen die Wirkung geringer ist als zwischen einer Elektrode und dem einen Ende des Blechstreifens. Die Wirkung wird um so größer, je tiefer man die Finger eintaucht. In einer großen Wanne mit einfachen Drahtelektroden von nicht allzu großem Abstande ist die Wirkung um so geringer, je weiter man von den Drähten beim „Abgreifen" des Potentials seitlich entfernt ist. Fast alle Versuche, die sich mit Gleichstrom oder intermittierendem Gleichstrom zur Untersuchung des Stromlinienverlaufs machen lassen, ergeben sich auch hier.

2. **Physiologische Wirkungen der Sekundärspule.** Die von einem Teslatransformator gelieferten elektrischen Schwingungen üben bekanntlich nur geringe Wirkungen auf den menschlichen Körper aus. Die Erscheinung wird oft damit erklärt, daß diese Ströme nur an der Oberfläche verlaufen. Bei nichtmetallischen Leitern ist nennenswerte Selbstinduktion nicht vorhanden, also wäre bei gewöhnlichen elektrischen Strömen ein Fließen durch das ganze Innere zu erwarten. Das scheint aber nicht immer der Fall zu sein.

Zunächst die Versuche, bei denen nur einpolige Berührung stattfindet. Es ist wohl sicher, daß hierbei die elektrostatische Tatsache, daß der Sitz ruhender Elektrizität die Oberfläche der Leiter ist, mit zur Erklärung herangezogen werden muß, denn die hohe Spannung bedingt beträchtliche Ladung der Oberfläche. So wird z. B. bei dem Versuche mit der Teslahandröhre, bei welchem mit der freien Hand ein Pol des Transformators berührt wird, das Fehlen jeder Wirkung auf den Körper zu erklären sein. Die hohe Frequenz und geringe Stromstärke bei diesen Schwingungen, die selbst nach dem Aufhören der einpoligen Verbindung noch Lichtwirkungen hervorbringen können, erklären das übrige. Mit gewöhnlichen elektrischen Strömen hat man es dabei kaum noch zu tun. Eine geringe Wirkung ist übrigens selbst bei nur einpoliger Berührung zu spüren, wenn man von einem Pol einen Draht in ein Gefäß mit Wasser führt und eine Fingerspitze ein wenig eintaucht. Bei dem Teslahandversuche empfiehlt es sich, um möglichst nichts zu spüren, die Hand fest auf den Knopf des Transformators zu legen.

Anders liegen die Dinge, wenn der Schwingungskreis in sich geschlossen ist. Ein gewisses Interesse scheint mir folgender Versuch zu haben, bei dem man eine nicht unerhebliche physiologische Wirkung mit den Strömen der Sekundärspule des Teslatransformators erzielen kann. In eine photographische Wanne 9×12 cm mit Leitungswasser W in Fig. 8 tauchen Elektroden, die mit den Polen eines Teslatransformators T verbunden sind; der eine Verbindungsdraht ist durch die verstellbare Funkenstrecke $A\,B$ unterbrochen. In die Wanne taucht man zwei gespreizte Finger derselben Hand von einer Elektrode zur andern. Ist der Abstand $A\,B = 0$, so spürt man nichts, die

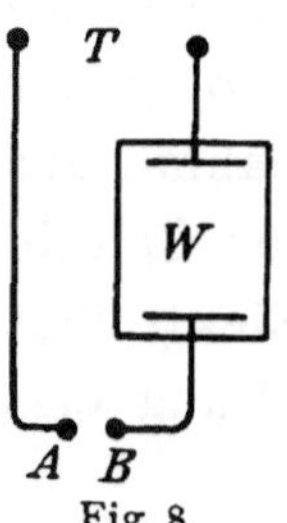
Fig. 8.

Wirkung wird bei 1 bis $1^{1}/_{2}$ cm Funkenlänge unerträglich, bei größerer Entfernung wieder geringer und schließlich wieder Null. Der Versuch ist mit den verschiedensten Transformatoren, mit Luft- und Ölisolation, ausgeführt und gelingt stets. Schüler, denen ich den Versuch zeigte, erklärten ihn, und vielleicht mit Recht, als Resonanzerscheinung. Er zeigt die Notwendigkeit der Abstimmung, wenn man mit diesen Schwingungen eine bestimmte Wirkung erzielen will; wohl einer der am leichtesten auszuführenden Abstimmungsversuche und daher meiner Meinung nach für den Unterricht geeignet. Mangelnde Resonanz kann der Grund geringer physiologischer Wirkungen sein; z. B. bei der gleichzeitigen Berührung beider Pole des Transformators ist die Wirkung vielleicht gleich Null, weil infolge Verstimmung kein Strom vorhanden ist. Ein gewisser Bruchteil der sekundären Teslaströme fließt auch durch das Innere nichtmetallischer Leiter, wenn eine passend gewählte Funkenstrecke eingeschaltet ist.

Schaltet man in Fig. 8 noch eine Kapazität in den Schwingungskreis, so wird die Wirkung abgeschwächt und der Versuch dadurch erträglicher gemacht. Ist nur eine Leidener Flasche mittlerer Größe eingeschaltet, so ist die Wirkung auch bei günstiger Funkenstrecke gering, sie nimmt mit der Anzahl der parallel geschalteten Flaschen zu. — Schaltet man zwei Porzellanwannen mit Wasser in obiger Anordnung hintereinander, so wird dadurch die physiologische Wirkung in jeder derselben geschwächt. Wird eine durch einen Draht überbrückt, so wird die Wirkung kräftiger, ein Zeichen, daß Wasser die Teslaströme nicht gut leitet.

DRESSEL schreibt in seinem Lehrbuche: „Dagegen verursachen die kurzen, heller leuchtenden Funkenlinien einen stechenden Schmerz". Damit ist vielleicht obige Beobachtung gemeint; ganz kurze Funken sind aber wieder unwirksam. Vielleicht meint er aber auch nur die durch kleine Funken beim Überspringen verursachten Wirkungen, wohl hauptsächlich Wärmewirkungen an der Übergangsstelle. Entzünden einer Gasflamme durch Nähern eines Fingers bei einpoliger Berührung des Transformators.

Als Ergebnis möchte ich hinstellen, daß der Verlauf der hochgespannten Teslaströme wie überhaupt in Leitern zweiter Klasse so auch im menschlichen Körper ein verschiedenartiger ist, ein Bruchteil geht in gewissen Fällen auch durch das Innere. Völlige Aufklärung der im großen und ganzen verständlichen Erscheinungen muß anderweitigen Untersuchungen vorbehalten bleiben.

Erwähnen möchte ich noch den Gedanken, die geringe physiologische Wirkung der Teslaströme aus der Phasenverschiebung zwischen Stromstärke und Spannung zu erklären. In der höheren Analysis für Ingenieure des Engländers J. PERRY (deutsche Bearbeitung von FRICKE u. SÜCHTING; 1902) ist diese z. B. in § 138 kurz für gewöhnliche Wechselströme behandelt; die Leistung in Watt ist gleich $P = \frac{1}{2} C_0 V_0 \cos e$, d. i. gleich dem halben Produkt der beiden Amplituden (Strom $\times$ Spannung), multipliziert mit dem Cosinus des Phasenverschiebungswinkels e; dieser kann nahezu 90° sein. „Indessen ist dieser Fall, daß e sich einem rechten Winkel nähert, selten. Er kommt nur vor bei Spulen von großem Durchmesser ohne jedes Eisen." „Bei einer gewöhnlichen Drosselspule oder einem unbelasteten Transformator (wo e theoretisch $= 90^0$ werden sollte) bewirkt der Einfluß der Hysteresis, daß dieser Winkel nicht über etwa 74^0 hinaus wächst."

Daraus scheint mir die Möglichkeit zu folgen, den Versuch Fig. 8 folgendermaßen zu erklären. Ist die Funkenstrecke $AB = 0$, so ist die physiologische Wirkung gleich null, weil $P = \frac{1}{2} C_0 \Gamma_0 \cos e$ gleich null ist, da $e = 90^0$ ist. Der Teslatransformator enthält kein Eisen, also trifft obiges theoretisches Resultat zu; die Ursache der Phasenverschiebung ist die Selbstinduktion der Sekundärspule. Ist eine kleine Funkenstrecke eingeschaltet, so wird $e < 90^0$ und schließlich sogar null werden können, da jetzt Ladung der Elektrodenkugeln und anderer Leitungsteile erfolgt, also eine gewisse Kapazität der Selbstinduktion entgegenwirkt. Schließlich, bei größerer Funkenstrecke, kann e sogar negativ werden, selbst $- 90^0$ im Grenzfalle, wenn keine Funken mehr überspringen. Es handelt sich dann, z. B. bei dem Versuche mit der Teslahandröhre, um reine Kapazitätsschwingungen. Eine etwaige Phasenverschiebung ist in diesem Falle aber umgekehrt wie die durch die Selbstinduktion hervorgerufene. Zwischen diesen Grenzfällen liegt das Maximum der physiologischen Wirkung da, wo die Phasendifferenz $e = 0$ und $\cos e = 1$ ist. Eine gewisse Bedeutung kommt der Phasenverschiebung zwischen Strom und Spannung auch bei Teslaströmen sicher zu; ob damit aber das Rätsel der geringen physiologischen Wirkungen völlig gelöst ist, wage ich nicht zu behaupten[1]).

3. Der menschliche Körper und HERTZsche Wellen. HERTZ zeigt bekanntlich die Reflexion elektrischer Wellen unter Benutzung parabolischer Hohlspiegel, die im rechten Winkel zu einander stehen; fallen die vom Sender ausgehenden Wellen unter 45^0 auf ein Metallblech, so werden sie unter gleichem Winkel reflektiert und können am Empfänger nachgewiesen werden. Es ist bekannt, daß statt eines solchen Blechschirmes auch mehrere dicht aneinander stehende Personen die Reflexion bewirken können.

Ist an dem oberen Pol der Teslasekundärspule eine Antenne angebracht und der andere Pol geerdet, so läßt sich in einiger Entfernung durch eine gleiche Spule die elektrische Strahlung zeigen, auch hier 1 Pol mit Antenne versehen und 1 Pol geerdet, die Spule ist außerdem durch eine GEISSLERsche Röhre oder eine kleine Funkenstrecke zwischen Zinkspitzen kurz geschlossen. Tritt man hinter diesen Empfangsapparat, so wird die Wirkung kräftiger, da ein Teil der Wellen vom Körper reflektiert und auf den Empfänger geworfen wird. Tritt man zwischen Sender und Empfänger, so wird die Wirkung schwächer.

Schon von anderer Seite veröffentlicht las ich neulich den Versuch, den ich auch öfters mit Schülern ausgeführt habe, als Antennen für draht-

---

[1]) Nach neueren Untersuchungen soll die hohe Frequenz die Hauptursache der geringen physiologischen Wirkung sein.

lose Telegraphie den menschlichen Körper zu benutzen. Fig. 6 stellt den schon oben beschriebenen Sender dar. Der Nachweis der Schwingungen zwischen M_3 und M_4 kann durch Einschaltung einer kleinen Funkenstrecke oder durch eine leicht ansprechende Geisslersche Röhre geführt werden, auch durch schwache physiologische Wirkungen, welche man erhält, wenn man mit angefeuchteten Fingerspitzen einen Zwischenraum zwischen zwei Blechen überbrückt. Ist B ein Schirm aus Glas, Pappe oder Holz, so geht die Wirkung hindurch, nicht aber durch ein Metallblech oder den menschlichen Körper, der sich gerade noch zwischen Sender und Empfänger zwängen läßt.

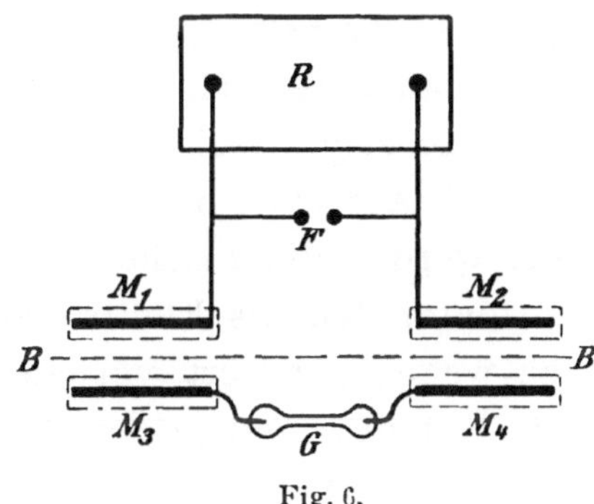

Fig. 6.

Statt der Platten M_1 bis M_4 können auch 4 oder noch besser 8 Personen benutzt werden, G in Fig. 6 hierbei am besten eine Geisslersche Röhre. Das Induktorium ist natürlich nicht allzu kräftig zu wählen, die Verbindung mit dem Pol des Rühmkorff muß gut sein, festes Drücken auf ein angefeuchtetes Blechstück, damit man nicht allzu viel empfindet. Zur Isolation habe ich noch kleine Isolierschemel (Brett auf 4 Tintenfässern) oder Paraffinpapier benutzt. Statt der Geisslerschen Röhre läßt sich natürlich auch bei größeren Entfernungen ein Kohärer benutzen.

Man versuche auch bei Lodges Resonanzversuch, ob sich durch Überbrücken der kleinen Funkenstrecke mit zwei Fingern physiologische Wirkungen an der Empfängerflasche nachweisen lassen; es ist fast nichts zu spüren. Gering ist auch im Gegensatz zu obigen Versuchen die Absorption durch die menschliche Hand bei der induzierenden Wirkung, die von der Teslaprimärspule ausgeht. Der Körper ist ein schlechter Leiter, die geringe darin induzierte Stromstärke wirkt kaum hindernd auf die in einem Blechring mit Farbengalvanoskop durch die Primärspule induzierten Schwingungen erheblicher Stärke.

4. Versuche mit Stichlingen. Gelegentlich der Untersuchung des Verlaufs elektrischer Ströme hoher Spannung und großer Frequenz bin ich auf den Gedanken gekommen, auch die Wirkung auf im Wasser lebende Tiere zur Lösung der Frage heranzuziehen. Ich habe dazu meist kleine Stichlinge benutzt, die man sich ja durch Schüler leicht verschaffen kann. Schickt man Gleichstrom durch eine Wanne, in der sich solche Fische befinden, so sind bei 110 Volt Netzspannung die Tiere in kurzer Zeit getötet. Bei nur momentanem Stromdurchgange erholen sich die Fische bald wieder. Ebenso kann man die Wirkung auf die Tiere untersuchen, wenn man das kleine Aquarium parallel zu dem Unterbrechungsfunken einer elektrischen Klingel oder in die sekundäre Strombahn eines Induktoriums einschaltet. Die Wirkung der Schwingungen einer Teslasekundärspule auf die Fische

war ganz entsprechend der oben mitgeteilten Einwirkung auf den menschlichen Körper. War die eine Elektrode des Aquariums mit einem Pol des Transformators und die andere mit einer auf dem Tische liegenden Geisslerschen Röhre verbunden, so leuchtete die Röhre bei nur einpoliger Berührung, die Fische aber zeigten keinerlei Beunruhigung, sie fühlten offenbar nichts von den elektrischen Schwingungen. Ebenso zeigte sich keine Einwirkung, wenn beide Elektroden der Wasserwanne direkt mit den Polen des Transformators verbunden waren. Schaltete man aber in diesen Schwingungskreis eine passende Luftfunkenstrecke von etwa 1 bis 1,5 cm Länge, so zeigte sich eine kräftige Wirkung auf die Fische; einmal schnellte ein Fisch aus einer flachen, ziemlich gefüllten Schale über den Rand empor. Meist werden die Fische sehr unruhig, richten ihre Stachel auf und suchen sich hinter den als Elektroden dienenden Blechen zu verbergen, wo sie ja auch wegen der dort vorhandenen geringen Stromdichte ziemlich geschützt sind. Offenbar entspricht dies Verhalten ihrem Naturtrieb, im Falle eines Angriffs in irgend einem Versteck Schutz zu suchen. Getötet werden die Fische hierbei kaum. Dies tritt eher ein bei direkter Benutzung des Rühmkorff oder bei Einschaltung der Wasserwanne in den Teslaprimärkreis, weil dort eine größere Stromstärke vorhanden ist. Meist erreichen dann die Tiere das schützende Versteck hinter den Elektroden nicht, sie zittern stark, oder es zeigen sich Lähmungserscheinungen, die nach dem Aufhören bei kurzer Versuchsdauer allmählich wieder schwinden. Es empfiehlt sich, wenn bei derartigen Experimenten die Tiere Schaden gelitten haben, sie sofort zu töten, was durch Gleichstrom von 110 oder 220 Volt schnell erreicht wird.

II. Die Theorie des Lichts und die Lehre von den elektrischen Schwingungen im Unterricht.

A. Einleitung.

1. Zur Geschichte der elektromagnetischen Lichttheorie.

Bis in die ersten Jahrzehnte des 19. Jahrhunderts war bekanntlich Newtons Emanationstheorie die herrschende Lichttheorie. Dann wurde sie besonders infolge der Bemühungen des Engländers Young und vor allem des Franzosen Fresnel durch die Vibrationshypothese verdrängt: diese rührt von dem Holländer Huyghens, einem Zeitgenossen Newtons, her. Einzelne Anhänger letzterer Theorie hatte es auch in der Zwischenzeit gegeben; z. B. in der Mitte des 18. Jahrhunderts Euler.

In den letzten Jahrzehnten ist dazu noch als dritte Lichttheorie die elektromagnetische gekommen und allmählich durchgedrungen. Die allgemein bekannte historische Entwickelung dieser Theorie ist kurz folgende. Im Jahre 1845 machte Faraday die Entdeckung, daß die Polarisationsebene des Lichtes durch einen kräftigen Elektromagneten gedreht werden kann. Weiter fand man (W. Weber

1846), daß im absoluten Maßsystem die elektrischen Größen eine verschiedene Dimension haben, je nachdem man von elektrostatischen oder elektromagnetischen Grundgesetzen ausgeht. Der Quotient der Einheiten ist von der Dimension einer Geschwindigkeit v oder eine Funktion derselben.

	Elektrostatisch	Elektromagnetisch	Quotient
Elektr. Menge	$l^{3/2}\, m^{1/2}\, t^{-1}$	$l^{1/2}\, m^{1/2}$	$l^{1}\, t^{-1} = v$
Stromstärke	$l^{3/2}\, m^{1/2}\, t^{-2}$	$l^{1/2}\, m^{1/2}\, t^{-1}$	$l^{1}\, t^{-1} = v$
Elektromot. Kraft . . .	$l^{1/2}\, m^{1/2}\, t^{1}$	$l^{3/2}\, m^{1/2}\, t^{-2}$	$l^{-1}\, t^{+1} = 1:v$
Widerstand	$l^{-1}\, t^{+1}$	$l^{1}\, t^{-1}$	$l^{-2}\, t^{2} = 1:v^{2}$
Kapazität	l^{+1}	$l^{-1}\, t^{2}$	$l^{2}\, t^{-2} = v^{2}$
Selbstinduktion	$l^{-1}\, t^{2}$	l^{1}	$l^{-2}\, t^{2} = 1:v^{2}$

Worin die Längeneinheit $l = 1$ cm, die Masseneinheit m $= 1$ g, die Zeiteinheit $t = 1$ sec sein soll.

Bei der experimentellen Bestimmung dieser Größe v fand 1853 R. Kohlrausch (d. Ältere), daß die Geschwindigkeit v ungefähr mit der Lichtgeschwindigkeit übereinstimmt. Er bestimmte die Ladung einer größeren Leidener Flasche in elektrostatischem Maße und ermittelte mit einer Sinusbussole die elektromagnetische Wirkung beim Entladen der Flasche. Später ist die Größe v von zahlreichen Physikern, z. B. in den 80er Jahren des vorigen Jahrhunderts von Himstedt und von Klemencic, nach verschiedenen Methoden recht genau bestimmt worden; die Größe v stimmt wirklich mit der Lichtgeschwindigkeit vollkommen überein. Es mußte auffallen, daß die Lichtgeschwindigkeit in der Elektrizitätslehre eine Rolle spielt.

Es folgen die klassischen Untersuchungen von Feddersen (1857—66) über die intermittierende Entladung von Leidener Flaschen. Die Arbeiten sind in Ostwalds *Klassikern der exakten Wissenschaften Nr. 166* (Engelmann, Leipzig 1908) heute leicht zugänglich gemacht. Hier ist zuerst das Vorhandensein elektrischer Schwingungen experimentell nachgewiesen durch Untersuchung von elektrischen Funken im rotierenden Spiegel. Auch die wichtige Formel $T = 2\,\pi\,\sqrt{LC}$, worin L Selbstinduktion und C Kapazität bedeutet, wird von Feddersen schon benutzt (in der Form $r = \frac{1}{2}\,\pi\,\sqrt{A\,\beta}$). Sie ist der Thomson-Kirchhoffschen Theorie entnommen. Kirchhoff hatte 1857 in *Pogg. Ann., Bd. 100 und 102* angegeben, daß unter gewissen Bedingungen die elektrische Bewegung in Form von Wellen stattfinden kann. Helmholtz hatte übrigens schon 1851 elektrische Schwingungen an den Polen eines ungeschlossenen Induktionsapparates nachgewiesen.

1865 stellte Maxwell die elektromagnetische Lichttheorie auf, in der manche später aufgefundene Tatsachen auf Grund der Theorie vorhergesagt sind (vergl. J. Cl. Maxwell, *Lehrb. d. Elektr. u. d. Magnet.* Deutsch von Weinstein Berlin, Verlag von J. Springer, 1883).

Es ist weiter aufgefallen, daß das Leitungsvermögen der Körper für Wärme und Elektrizität einander entspricht, so daß zwischen beiden Konstanten nahezu dieselben Verhältniszahlen bestehen. In den 80er Jahren (1888 in *Wied. Ann.* veröffentlicht) hat Kundt experimentell gefunden, daß auch das Leitvermögen der Metalle für Licht nahezu dieselben Verhältniszahlen wie für Wärme und Elektrizität ergibt; er bestimmte die Brechungsexponenten sehr dünner, keilförmiger Metallschichten. Es wurde beobachtet, daß zwischen der Periode der Sonnenflecken und den erdmagnetischen Störungen und Polarlichtern ein Zusammenhang besteht.

Vielleicht verdient Erwähnung, daß man 1873 die Änderung des Leitungswiderstandes des Selens beim Belichten (Selenzelle) entdeckte. Man entdeckte später den photoelektrischen Strom und konstruierte photoelektrische Elemente. Man fand, daß Lichtstrahlen ein Elektroskop entladen können (H. Hertz; Elster und Geitel).

1887 und in den nächstfolgenden Jahren entdeckte H. Hertz die elektrischen Wellen. Darauf beruht die drahtlose Telegraphie, die uns hier nicht weiter beschäftigen soll. Auch hat die elektromagnetische Lichttheorie durch Hertz in der Wissenschaft Bürgerrecht erhalten.

Die Lehre vom Wechselstrom und Drehstrom wurde in den letzten Jahrzehnten weiter ausgebildet und praktisch in der Technik verwertet. Elihu Thomson entdeckte 1887 die von intermittierenden Strömen ausgeübte elektrodynamische Repulsion. Der ungarische Amerikaner Tesla, der Erfinder des Drehstrommotors konstruierte den Teslatransformator, mit dem sich eine Reihe der glänzendsten Experimente über elektrische Schwingungen ausführen läßt. Diese Dinge haben scheinbar mit der elektromagnetischen Lichttheorie zunächst nichts zu tun; es knüpfen sich aber doch die mannigfachsten Beziehungen von hier aus zu der Theorie.

Von weiteren Entdeckungen seien noch erwähnt das Zeemansche Phänomen (1896), welches von H. A. Lorentz aus der Elektronentheorie erklärt ist — die spektrale Zerlegung von Natriumlicht, das sich in einem Magnetfelde befindet, zeigt eine dreifache Linie —, und die Versuche von Rubens und Du Bois mit den sog. Reststrahlen, langwelligen Wärmestrahlen von 24 bis 61,1 μ, d. h. 0,06 mm Wellenlänge, durch Reflexion an Flußspat, Steinsalz und Sylvin aus einem Bündel von Licht- und Wärmestrahlen isoliert.

Seit Hertz sind zahlreiche Versuche gemacht, die Theorie experimentell weiter auszubauen und durch Konstruktion neuer Apparate und durch neue Versuchsanordnungen die Erscheinungen in glänzenden Demonstrationsversuchen zu veranschaulichen. Der Italiener Righi konstruierte den Sender in Öl; der Franzose Branly (1894) erfand den Kohärer oder Fritter als Empfänger von Wellen; Versuch des Engländers Lodge (1890) mit den Leidener Resonanzflaschen; Versuch des Österreichers Lecher (1890) zur Bestimmung von Wellenlängen; die Spirale von Seibt, verbessert von Grimsehl und Classen, denselben Zwecken dienend; Anordnung von Drude zur Bestimmung von Wellenlängen in Flüssigkeiten; Blondlots Erreger; Oudins Resonator und variable Kondensatoren sind bequeme Hilfsmittel bei diesen Versuchen geworden. Jeder bessere Lehrmittelkatalog zeigt eine Reihe von brauchbaren Instrumentarien für unsere Zwecke an. Besonders die Hertzschen parabolischen Spiegel mit abgeändertem Sender und Empfänger werden viel benutzt, um die Lichttheorie dem Verständnis der Hörer näher zu bringen.

Ich will noch auf das treffliche Buch von Dr. H. Starke, *Experim. Elektrizitätslehre* (B. G. Teubner 1906) hinweisen; darin findet man alles auf unserem Gebiete Wissenswerte, wenn man sich theoretisch orientieren will. Ebenso ist Grimsehls Vortrag auf dem Philologentage in Basel zu erwähnen und sein Aufsatz *Zeitschr.* *XX, Heft 1 (1908)* und *Monatshefte f. d. nat. Unterricht 1908. 289—299.*

2. Zur Behandlung der Optik im Unterricht.

Die zuletzt erwähnten Veröffentlichungen leiten zur unterrichtlichen Behandlung der Lehre von den elektrischen Schwingungen und der elektromagnetischen Lichttheorie über. STARKES *„Experimentelle Elektrizitätslehre"* verdankt einem Ferienkursus ihr Entstehen. Die Behandlung der Optik ist im Laufe der Zeiten sowohl an den Universitäten wie an den höheren Schulen mannigfachem Wechsel unterworfen gewesen, natürlich in erster Linie durch den Fortschritt der Wissenschaft veranlaßt. Im Jahre 1888 oder 89 erwähnte KUNDT in einer Vorlesung das Wort „elektromagnetische Lichttheorie", bemerkte aber dazu, daß diese Theorie, obwohl es jedenfalls die Lichttheorie der Zukunft sei, noch nicht in einer Vorlesung besprochen werden dürfe, da sie noch der wissenschaftlichen Diskussion unterliege, und in eine Vorlesung nur solche Dinge gehören, die in sich abgeschlossen feststehen. Ich glaube heute, 20 Jahre später, liegen die Dinge so, daß die Besprechung der elektromagnetischen Lichttheorie im Unterrichte der Prima unserer höheren Lehranstalten sehr wohl möglich ist. Es ist vielleicht sogar wünschenswert, sie dem Unterrichte zugrunde zu legen. Anfänge auf diesem Gebiete hat wohl fast jeder Lehrer der Physik auf der Oberstufe gemacht. Es ist dabei allerdings notwendig, daß die Lehrbücher dementsprechend eingerichtet sein müssen, wenn ein Erfolg in dieser Hinsicht erzielt werden soll.

Von früheren Arbeiten zur unterrichtlichen Behandlung der Optik auf der Oberstufe will ich nur eine besonders typische und für ihre Zeit bezeichnende erwähnen, die Programmarbeit des verstorbenen Direktors Dr. LANGGUTH *„Beitrag zur Behandlung der Optik"* 1886, Progr.-Nr. 344 (Iserlohn). In einer Kritik dieser Arbeit war sie, und mit Recht, als ein Höhepunkt modernen Physikunterrichts hingestellt. Trotz ihrer Vortrefflichkeit gibt diese Arbeit natürlich heute schon nicht mehr die von den meisten Physiklehrern vertretenen Ansichten wieder. „Die Aufgabe des physikalischen Unterrichts auf der Unterstufe", schreibt LANGGUTH, ist die „Experimentalphysik." „In dem zweiten Kursus . . . werden mit Anwendung der Mathematik in den verschiedenen Zweigen der Physik weitere Sätze abgeleitet und zu einem Systeme vereinigt, in welchem jeder neue Satz als notwendige Folge der früheren erscheint." „Das Ziel auf dieser Stufe bildet eine wissenschaftliche, auf mathematische Entwickelung und Begründung gestützte, zusammenhängende Kenntnis der Naturerscheinungen, ihrer Gesetze und der sie bedingenden Ursachen." Die gewöhnlichen Lehrbücher reichen nach LANGGUTH nicht aus, da sie zu wenig mathematische Entwickelungen bringen.

„Auf Grund weniger in der ersten Stufe des Unterrichts festgestellter Erfahrungssätze sind in den fünf ersten Kapiteln mit Anwendung der Mathematik Folgerungen gezogen" und die Orthoptrik, Spiegel, Linsen, Spektren und die optischen Instrumente behandelt. „Wenigstens einmal in dem physikalischen Unterricht der Prima muß jedenfalls dem Schüler das Wesen einer physikalischen Theorie zur Anschauung kommen, und dazu eignet sich besonders die Undulationstheorie". Diese ist dann in Kapitel VI bis XI behandelt. „Die bei den mathematischen Entwickelungen benutzten Reihen der Cosinus von Winkeln, die nach gewissen Gesetzen fortschreiten, sind im Anhange kurz behandelt. Sie können in etwa drei Stunden absolviert werden."

Man geht heute in der mathematischen Behandlung der Optik nicht mehr ganz so weit, schon deshalb nicht, weil auf den meisten höheren Schulen, auch auf manchen Realgymnasien Altonaer Systems, nur zwei Physikstunden wöchentlich vorhanden sind und nicht drei, wie LANGGUTH voraussetzt. Außerdem ist die Ansicht durchgedrungen, daß auch auf der Oberstufe das Experiment im Mittelpunk des Unterrichts stehen soll, wenn die Sammlung nur einigermaßen genügend mit Apparaten ausgestattet ist. Es wird daher heute kaum noch ein Physiklehrer vorhanden sein, der mit LANGGUTH drei Physikstunden zur Entwickelung von Cosinusreihen wird opfern wollen. Manche mathematische Ableitungen sind für den Physikunterricht wünschenswert, ja unentbehrlich. Diese lassen sich größtenteils in der Mathematikstunde erledigen, wenigstens auf dem Realgymnasium mit 5 wöchentlichen Mathematikstunden; so kann z. B. in der Lehre von den größten und kleinsten Werten das Minimum der Ablenkung beim Prisma, der Regenbogen, Minimum der Zeit bei Befolgung des Brechungsgesetzes und anderes mehr erledigt werden.

Weiter scheint mir eine Einführung in die neueren optischen Theorien auf der Oberstufe recht wünschenswert zu sein. Damit meine ich aber nicht das, was Herr Prof. Dr. KEFERSTEIN, Realgymnasial-Direktor in Hamburg, in Bd. I, Heft 5 der *Abhandl. zur Did. u. Philos. d. Nat.* darunter versteht, sondern möchte einen Teil der zur Verfügung stehenden Zeit zur Einführung der elektromagnetischen Lichttheorie ausgenutzt wissen. Wie weit man da gehen kann, wird natürlich ganz verschieden sein, je nachdem es sich um Gymnasium, Realgymnasium oder Oberrealschule handelt; die Beschaffenheit des jeweiligen Schülermaterials und die besondere Neigung des Lehrers wird von Einfluß sein. Vielleicht wird auch die Ausstattung der Sammlung mit Apparaten in Frage kommen; wenn man sich auch sehr viel selbst anfertigen kann, so ist das doch nur ein Notbehelf.

An dem Unterricht auf der Unterstufe wird in der Optik kaum etwas zu ändern sein. Auf der Oberstufe wird ebenfalls manches Kapitel unberührt bleiben. Die Undulationstheorie ist ja nach wie vor zu besprechen, da sie durch die elektromagnetische Lichttheorie nicht wertlos geworden ist. Man wird heute an die schönen Experimente GRIMSEHLS mit Wasserwellen, *Zeitschrift* 19, 271, anknüpfen können. Selbst Rechnungen zur Undulationstheorie im Sinne des LANGGUTHschen Programms wären zweckmäßig, wenn Zeit dazu vorhanden wäre. Heute wird neben der Besprechung und experimentellen Begründung der wichtigsten Erscheinungen der Optik eine Hauptaufgabe des Unterrichts sein, die verschiedenen Lichttheorien in ihren Vorzügen und Nachteilen und in ihrer historischen Entwickelung zur Anschauung zu bringen. Daß der experimentell für die Lichtgeschwindigkeit in Wasser gefundene Wert von 30 000 Meilen mit der NEWTONschen Emanations-Hypothese nicht vereinbar ist, wird im Unterricht behandelt werden müssen. Natürlich wird NEWTONS Theorie nur kurz zu behandeln sein, ausführlich dagegen die Vibrationshypothese und ebenso die elektromagnetische Lichttheorie, möglichst auf experimenteller Basis. Allerdings ist zum vollen Verständnis der Erscheinungen mancherlei Vorkenntnis, besonders im mathematischer Hinsicht, erforderlich. Dem kommen aber die modernen Bestrebungen im Mathematikunterricht, „funktionales Denken" und Einführung der Grundbegriffe der Differentialrechnung an zahlreichen Schulen entgegen, so daß die Schwierigkeiten nicht unüberwindlich sind.

B. Wünschenswerte Vorkenntnisse aus der Lehre vom Wechselstrom.

1. Will man die elektromagnetische Lichttheorie genauer verstehen, so muß man die wichtigsten Tatsachen der Wechselstromlehre kennen. Selbstinduktion und Kapazität, maximale und effektive Stromstärke, Phasenwinkel, $T = 2\,\pi\,\sqrt{LC}$ müssen geläufige Begriffe sein. Die zunehmende technische Bedeutung des Wechselstromes zwingt ja an manchen Orten, z. B. in Hamburg-Altona wegen der mit Einphasen-Wechselstrom betriebenen Stadt- und Vorortsbahn Blankenese-Ohlsdorf, auf die Wechselstromtechnik einzugehen. Dies ist in Obersekunda möglich; ausgewählte Kapitel der Elektrizitäslehre können, wie schon durch die rheinische Direktorenkonferenz im Jahre 1893 angeregt ist, auch in der Prima behandelt werden.

„Die Erziehung zum funktionalen Denken" in der Mathematik kommt uns entgegen. Die graphische Darstellung von $y = \sin x$ (Fig. 9) und $y = \cos x$ erfolgt heute auf den Reallehranstalten meist schon in der Untersekunda

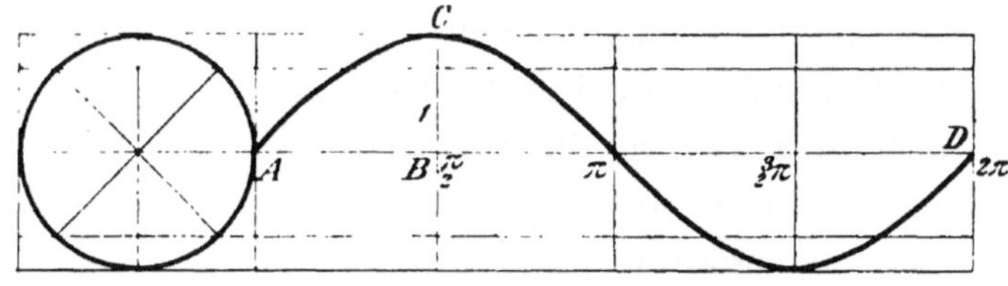

Fig. 9.

Auch folgende Kurven: $y = -\sin x$; $y = -\cos x$; $y = 2\sin x$ oder $3\sin x$; $y = 2\cos x$ oder $3\cos x$; $y = \sin 2x$; $y = \sin 3x$; $y = \cos 2x$ oder $\cos 3x$ sowie $y = \sin(x + c)$ und $y = \cos(x + c)$, worin $c = \pi/2$; $\pi/4$; $\pi/6$; $\pi/3$ oder dgl., lassen sich in der Obersekunda anschließen und können skizziert werden. Daß die Sinuskurve oder Wellenlinie auch ein Bild des elektrischen Wechselstromes darstellt, kann ziemlich frühzeitig erwähnt werden. Zur experimentellen Darstellung des Wechselstromes genügt es, wenn ein Stahlmagnet in einer Induktionsspule, die mit einem Vertikalgalvanoskop verbunden ist, im selben Takt, wie der Zeiger hin und her pendelt, bewegt wird. Brauchbar ist auch folgende einfache Anordnung (Fig 10). In einer rechteckigen photographischen Wanne ist einige cm hoch verdünnte Schwefelsäure zwischen Bleielektroden E_1 E_2 enthalten. Dazwischen wird ein Holzstiel mit einer Scheibe am Grunde gedreht, an der die Hilfselektroden E_3 und E_4 sitzen, die durch Drähte mit der kleinen Glühlampe G verbunden sind. Beim Drehen dieses Kreisels entsteht sinoidaler Wechselstrom; die gezeichnete Stellung gibt die maximale Stromstärke, senkrecht dazu ist sie null; bei schnellem Drehen wird ein Mittelwert der Stromstärke, die effektive Stromstärke, veranschaulicht.

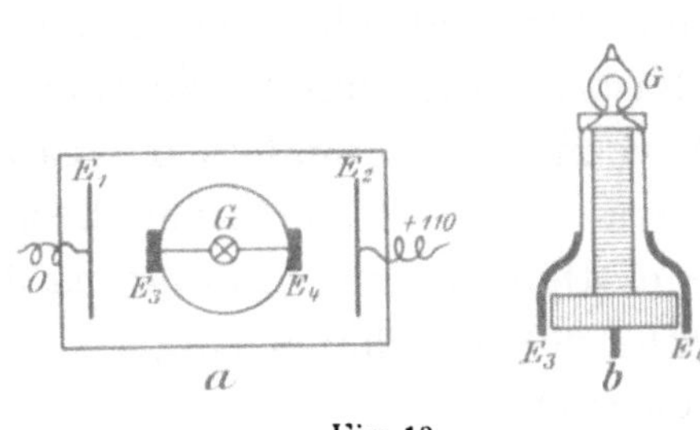

Fig. 10.

Vergleich des elektrischen Wechselstromes mit der Strömung in der Elbe zwischen Hamburg und Cuxhaven infolge der Ebbe und Flut.

Man umwickelt den Stiel des Kreisels (Fig. 11) mit isoliertem dünnen Doppeldraht (Litze), der mit den Hilfselektroden E_3 und E_4 verbunden ist und von den Enden bei M zu einem Apparat geführt wird; so kann man für einige Augenblicke durch die Drehung des Kreisels eine Ableitung von Wechselstrom nach außen erzielen. Beim Einsetzen vor dem Abziehen stehe der Kreisel in der Nullstellung, d. h. E_3 E_4 senkrecht zu den Stromlinien in der Flüssigkeit, also nicht wie in der Figur 11. Wird M z. B. mit einer gewöhnlichen Wechselstromklingel, wie sie an unsern Fernsprechern vielfach üblich ist, in Verbindung gesetzt, so tönt sie. Schickt man etwas mehr Strom durch den Apparat Fig. 11, so kann durch das Abwickeln der Kreisel-Doppelschnur auch jeder kleine Gleichstrommotor in Betrieb gesetzt

Fig. 11.

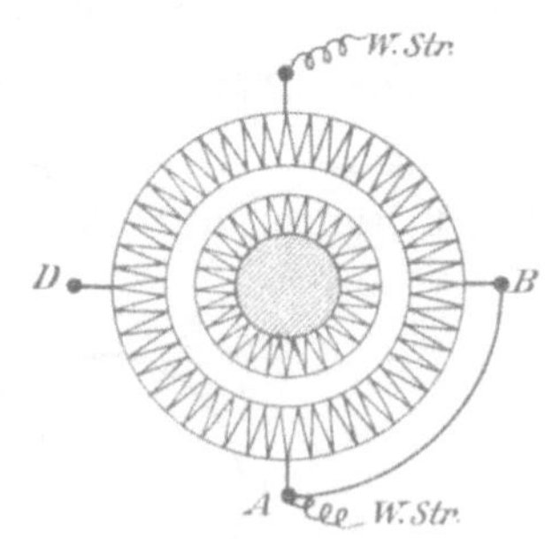

Fig. 12.

werden. Warum? Man kann ja auch sonst durch Wechselstrom an allen Weicheiseninstrumenten Wirkungen nachweisen, ähnlich den durch Gleichstrom erzielten. Ein kleiner Drehstrommotor für Zwei- bzw. Vierphasenwechselstrom kann auch durch Einphasenwechselstrom betrieben werden. Bei A und C in Fig. 12 wird der Wechselstrom zugeleitet, A wird außerdem mit B oder D durch einen Kupferdraht direkt verbunden. Dadurch wird in beiden Hälften Unsymmetrie und somit Phasendifferenz zwischen der rechten und linken Seite hervorgerufen und ein Drehmoment auf den Läufer, Kurzschlußanker, ausgeübt. Für diesen Motorversuch wie für die meisten sonstigen Versuche ist eine kleine Wechselstrommaschine natürlich besser geeignet. Vielfach in den Sammlungen vorhanden und sehr zu empfehlen sind Gleichstrom-Wechselstromumformer, die an der einen Seite einen Kommutator zur Zuleitung des Gleichstromes in den Grammeschen Ring und an der anderen Seite der Drehachse Schleifringe besitzen zur Abnahme des Wechselstromes; die Schleifringe sind mit 2 Punkten des Grammeschen Ringes fest verbunden.

Wie bei obigen Motorversuchen werden in der heutigen Einphasen-Wechselstromtechnik Motoren gebraucht, bei denen durch Bürsten dem Läufer Strom zugeführt wird (Winter-Eichberg-Serienmotor) oder durch Induktion wie in Fig. 12. Daneben gibt es Synchronmotoren, die wie eine Wechselstrommaschine gebaut sind, und da gebraucht werden, wo die Belastung eine beständig gleichmäßige ist; Versuch mit einer horizontal drehbaren Magnetnadel auf einer Spitze in einem vertikal stehenden Multiplikatorgewinde, das von Wechselstrom durchflossen wird; die Nadel bleibt leicht stehen oder ändert sogar die Drehrichtung.

2. Phasendifferenz. Der Begriff Phasendifferenz ergibt sich leicht durch Versuche mit einem der Fig. 10 ähnlichen Apparat Fig. 13 a. Hier werden die Zweige $E_1 G_1 E_2$ und $E_3 G_2 E_4$ beim Drehen des Kreisels von Wechselströmen, die 90⁰

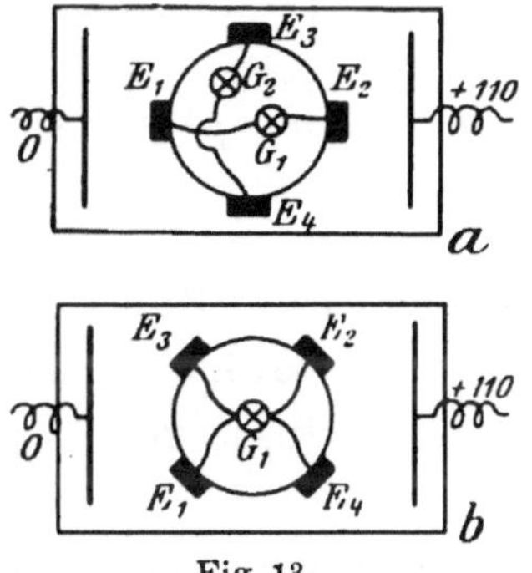

Fig 13.   Fig. 11.

Phasendifferenz haben, durchflossen. Wenn das Lämpchen G_1 leuchtet, ist G_2 dunkel und umgekehrt. Es ist auch klar, daß ähnliche Kreisel zur Veranschaulichung von Dreiphasen-Wechselstrom mit 3 Hilfselektroden möglich sind. Man kann auch wieder einige Windungen isolierten dünnen Drahtes, der sich beim Drehen abwickelt, um den Stiel wickeln, um in einem Motor Bewegung hervorzurufen.

3. Interferenz. Wichtig ist die Tatsache, daß Wechselströme übereinander gelagert werden können, worauf bei der Interferenz des Lichtes zurückzukommen ist; daher ist diese fundamentale Tatsache zu veranschaulichen. Zwei Wechselströme von 90⁰ Phasendifferenz geben, wie die bekannte Fig. 14 zeigt, einen neuen Wechselstrom derselben Periode; es hat aber der resultierende Wechselstrom γ 45⁰ Phasendifferenz mit α und β. Experimentelle Darstellung dadurch, daß in Fig. 13a G_2 ausgeschaltet, E_3 mit E_1 und E_4 mit E_2 verbunden wird; beide Wechselströme fließen durch G_1, es ist klar, daß

in der Stellung der Fig. 13b die maximale Stromstärke vorhanden ist, also ist 45° Phasendifferenz da. Wird ein Draht, etwa der von G_1 nach E_4, gelöst, so ergibt sich $22^1/_2°$ Phasendifferenz zu der Stellung $E_1 G_1 E_2$ in Fig. 13a bei maximaler Stromstärke I_m.

Hieran werden sich im Mathematikunterricht graphische Übungen in der Übereinanderlagerung verschiedener periodischer Funktionen schließen lassen, man vergleiche die Aufgaben in LESSER, *Graphische Darstellungen* (G. Freytag 1908), 37 und 38. Das Problem ist aber auch rechnerisch zu behandeln. I. $y = a \sin x + b \cos x$ ist in $A \sin (x + \varphi)$ umzuformen. Man setze $a = A \cos \varphi$ und $b = A \sin \varphi$, so ist tang $\varphi = b/a$ und $A = \sqrt{a^2 + b^2}$. Die Mathematik behandelt derartige Aufgaben ja auch aus anderen Gründen. Beispiele: $y = 2 \sin x + 2 \cos x = 2\sqrt{2} \sin (x + 45°)$ oder $y = 3 \sin x + \sqrt{3} \cos x = 2\sqrt{3} \sin (x + \pi/6)$ oder $y = 4 \sin x + 3 \cos x = 5 \sin (x + 36° 51')$.

II. $y = a \sin x + b \sin (x + c) = \sin x (a + b \cos c) + b \cos x \sin c$, worin c eine Phasendifferenz vorstellt. Es sei $\rho \cos \varphi = a + b \cos c$ und $\rho \sin \varphi = b \sin c$ gesetzt, so wird tang $\varphi = \dfrac{b \sin c}{a + b \cos c}$:

$$\rho = \sqrt{(a + b \cos c)^2 + b^2 \sin^2 c} = \sqrt{a^2 + b^2 + 2 a b \cos c}$$

und $y = \rho \sin (x + \varphi)$. Konstruktion von ρ aus a, b und $\triangle c$. —. Beispiel:

$$y = 4 \sin x + 4 \sin (x + \pi/3); \quad \text{tang } \varphi = \frac{2\sqrt{3}}{6} = {}^1/_3 \sqrt{3}; \quad \varphi = 30°; \quad \rho = \sqrt{48}$$

$$= \sim 7; \quad \text{also } y = \sqrt{48} . \sin (x + \pi/6).$$

Die Summe zweier sinoidaler Schwingungen gleicher Perioden wird dargestellt durch eine in der Phase verschobene Schwingung gleicher Periode. Die Übereinanderlagerung von Schwingungen verschiedener Periode soll später besprochen werden.

Umgekehrt läßt sich jede Sinusschwingung zerlegen in zwei andere Sinus- oder Cosinusschwingungen gleicher Periode (AD in Fig 9), von denen eine „Komponente" der ursprünglichen Schwingung voraus- und die andere ihr nacheilt. Gewöhnlich denkt man sich die Zerlegung so vorgenommen, daß beide „Komponenten" unter sich 90° Phasendifferenz haben; statt des einen Wechselstromes in Fig. 13b kann man sich die beiden in Fig. 13a denken.

Beispiel: Ein Wechselstrom mit der Amplitude $A = 3\sqrt{2}$ soll in zwei andere von 90° Phasendifferenz zerlegt werden, so daß der ursprüngliche mit jedem 45° Phasendifferenz hat. $a \sin x + b \cos x = A \sin (x + \varphi)$ oder hier $a \sin x + b \cos x = 3\sqrt{2} \sin (x + 45°)$; a und b sind zu suchen. tang $\varphi = b : a = \text{tang } 45°$, also $1 = b : a$ und $a = b$; $\sqrt{a^2 + b^2} = 3\sqrt{2}$, also $a = b = 3$ und Ergebnis: $y = A \sin (x + \varphi) = 3\sqrt{2} \sin (x + 45°)$ ist zerlegt in $y_1 = 3 \sin x$ und $y_2 = 3 \cos x$, denn $3 \sin x + 3 \cos x = 3\sqrt{2} \sin (x + 45°)$.

Desgleichen. Ein Wechselstrom mit der Amplitude 5 ist in zwei Schwingungen von 90° Phasendifferenz zu zerlegen, von denen eine 30° voraus ist und die andere 60^0 nacheilt. $a \sin x + b \sin (x + 90^0) = 5 \sin (x + 30^0)$. Ergebnis: $y_1 = {}^5\!/_2 \sqrt{3} \sin x$ und $y_2 = {}^5\!/_2 \cos x$ sind die Komponenten; $5 \sin (x + 30^0) = {}^5\!/_2 \sqrt{3} \sin x + {}^5\!/_2 \cos x$.

Allgemein folgt aus $a \sin x + b \cos x = A \sin (x + \varphi)$ leicht, da $\operatorname{tang} \varphi = b/a$ und $A = \sqrt{a^2 + b^2}$, daß $a = A \cos \varphi$ und $b = A \sin \varphi = A \cos (90^0 - \varphi)$; die Amplituden der Komponenten sind also gleich dem Produkt aus den Resultierenden, multipliziert mit dem cos der Phasendifferenz.

Ähnliche Aufgaben für den Fall durchzuführen, daß die Komponenten nicht 90^0, sondern eine andere Phasendifferenz haben sollen, hat weniger praktische Bedeutung. Obige Aufgaben sind nach meiner Erfahrung ein keineswegs schwieriger Übungsstoff für den mathematischen Unterricht; neben der Rechnung ist selbstverständlich die graphische Darstellung der Lösung zu fordern. Leicht auszuführen und unbedingt einmal zu fordern ist die graphische Aufgabe, aus der gezeichnet vorliegenden resultierenden Schwingung und einer Komponente die andere Komponente zu finden; durch Subtraktion der Ordinaten an möglichst vielen Stellen zu lösen.

4. Galvanometrischer Mittelwert der Kurve $y = \sin x$. Die Ableitung

$$\int_0^{\frac{\pi}{2}} \sin x \, dx = 1$$

für den Flächeninhalt des Quadranten $A\,B\,C$ in Fig. 9 und Berechnung des Mittels $y_0 = 2 : \pi$ als Höhe eines Rechtecks gleichen Inhalts und gleicher Grundlinie $\pi/2$ ist heute in der obersten Klasse mancher höheren Lehranstalt wohl denkbar. Überall aber möglich ist die Zerlegung des Quadranten in Trapeze, die über demselben $\varDelta x$, etwa 6^0 oder $0{,}10472$, stehen, und Addition der Inhaltswerte. Noch einfacher ergibt sich sofort der Mittelwert durch Addieren der aus der Logarithmentafel entnommenen Werte von $y = \sin x$ für 6 zu 6 Grad und Division durch die Anzahl der Werte; siehe Tabelle.

Grad	$\sin x$	Grad	$\sin x$
0^0	0,000	48^0	0,743
6^0	0,105	54^0	0,809
12^0	0,208	60^0	0,866
18^0	0,309	66^0	0,914
24^0	0,407	72^0	0,951
30^0	0,500	78^0	0,978
36^0	0,588	84^0	0,995
42^0	0,669	90^0	1,000
	$\varSigma$ 2.786		$\varSigma$ 7,256

$$10{,}042 : 16 = 0{,}628 = \smile 2 : \pi$$

Genauer wird die Rechnung, wenn man den ersten und letzten Wert einfach und die anderen doppelt wertet.

$$(2 \cdot 9{,}042 + 1 + 0) : 30 = 0{,}635 = 2 : \pi.$$

Aus dem Mittelwert folgt rückwärts, daß der Flächeninhalt der Fläche ABC in Fig. 9 gleich Grundlinie $\times$ Durchschnittshöhe $= \pi/2 \cdot 2/\pi = 1$ ist.

5. **Die Kurve** $y = \sin^2 x$. Der zuletzt berechnete Mittelwert ist nicht von großer praktischer Bedeutung, wichtiger sind die effektiven Werte. Bei dem obigen Kreiselversuch Fig. 10 ist der Unterschied zwischen maximaler und effektiver Stromstärke schon experimentell veranschaulicht. Der Effekt oder die Leistung eines elektrischen Stromes ist gleich EI oder $I^2 W$ oder $E^2 : W$. Ist W konstant, am einfachsten gleich 1, so ist die Leistung gleich I^2 oder E^2. Ist nun I oder E eine periodische Funktion, dargestellt durch $y = \sin x$, so ist die Leistung durch die Kurve $y = \sin^2 x$ gegeben. In Fig. 15 sei I die Kurve für die Spannung, II im einfachsten Falle gleich I die für den Strom, so gibt EI, d. h. das Produkt der Momentanwerte, an jeder Stelle

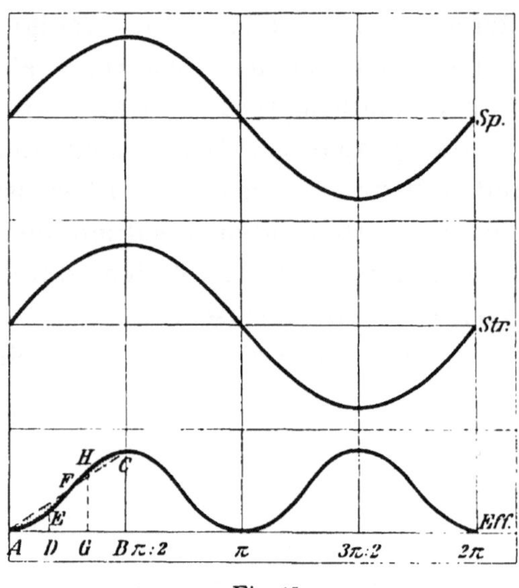

Fig. 15.

die Leistung an, das ist III oder $y = \sin^2 x$.

Für die beim Zeichnen zu entwerfende Tabelle ist zu beachten, $\sin^2 x = \dfrac{1 - \cos 2x}{2}$, wobei $\cos 2x$ den wahren Werten der trig. Funktionen der Logarithmentafel zu entnehmen ist.

Die Berechnung der Fläche $ABCF$ in Fig 15 und die Ermittelung des Durchschnittswertes von y kann ebenso geschehen wie im letzten Abschnitt bei $y = \sin x$. Dabei ist zu beachten, das $\sin^2 6^0 + \sin^2 84^0 = 0{,}011 + 0{,}990 = 1$; ebenso $\sin^2 12^0 + \sin^2 78^0 = 0{,}043 + 0{,}957 = 1$ u. s. w. Ist $AD = BG$ in Fig. 15, so ist die Ordinatensumme $DE + HG = 1$, da $\sin^2 x + \cos^2 x = 1 = \sin^2 x + \sin^2 (90^0 - x)$. Je zwei Ordinaten geben also zusammen 1, d. h. der Mittelwert ist $^1/_2$. Unsere Fläche ist gleich dem Dreieck ABC, und die schraffierten Segmente $\overparen{AF}$ und $\overparen{CF}$ sind gleich, wenn F die Mitte von AC ist; $\sin^2 45^0$ ist ja direkt $1 : 2$. Hat nun die Summe der Momentanwerte der Quadrate der Stromstärke den Mittelwert $1 : 2$, so kann als Mittel für die Stromstärke selbst $\sqrt{^1/_2} = ^1/_2 \sqrt{2}$ gelten; die sog. effektive Stromstärke $I_{eff} = ^1/_2 \sqrt{2} \cdot I_m = 0{,}707 \, I_m$, wenn die maximale Stromstärke BC in Fig. 9 nicht 1, sondern I_m ist. Ebenso ist die effektive Spannung $E_{eff} = 0{,}707 \, E_m$.

Zur ungefähren Veranschaulichung der effektiven Stromstärke kann man bei eingeschalteter Glühlampe mit einem Zuleitungsdraht schnell über eine Feile streichen; die Lampe brennt weniger hell als bei gleichmäßiger Berührung.

6. **Induktion und Steigungsmaß.** Es ist bekanntlich in neuerer Zeit vorgeschlagen worden, im mathematischen Unterricht die Ableitungen der Kurven zu behandeln, womöglich schon in Obersekunda den Begriff „Steigungsmaß der Tangente" einer Kurve (tang $\alpha = \varDelta y/\varDelta x$ in Figur 16) einzuführen. Über graphische Differentiation vergleiche man in dem schon genannten Buche von Lesser, *Graphische Darstellungen*. Kap. IX. Im Anfang derartiger Übungen empfiehlt sich vielleicht die Anknüpfung an die Induktion durch einen Wechselstrom. Ein stromdurchflossener Elektromagnet in-

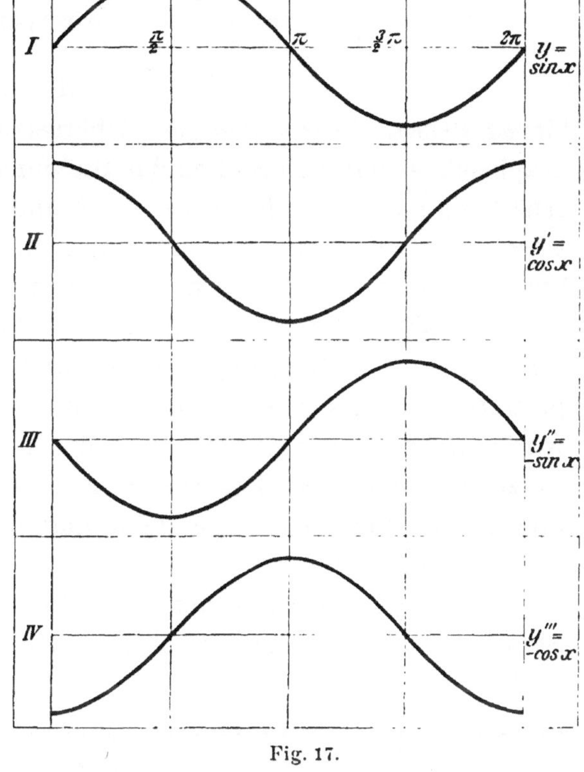

Fig. 16.   Fig. 17.

duziert in einem zweiten einen Strom, aber nur, wenn seine Stromstärke sich ändert. Die Änderung von $y = \sin x$ in Kurve I Fig. 17 ist also von Wichtigkeit und zu untersuchen. Bei einem „Wechsel"-Strom ist diese Änderung auch verschieden, bei 90^0 ist sie null, bei 0^0 erheblich, wie auch ein Blick in die Logarithmentafel sofort zeigt. Die 4 auf einer größeren Tafel gezeichneten Kurven Fig. 17 sind so beschaffen, daß jede folgende die erste „Abgeleitete" der vorhergehenden ist. Abgesehen vom Vorzeichen, könnte also $II = y' = \cos x$ ein Bild des von $I = y = \sin x$ induzierten Wechselstromes sein. Man überzeuge sich davon, daß tang $\alpha = \varDelta y/\varDelta x =$ $1 = \cos 0^0$ für $x = 0$ ist, da $\left. \dfrac{\sin x}{x} = \dfrac{x}{x} = 1 \right|_{x=0}$. Es wird bei 90^0 tang α $= 0$ und und $\cos 90^0 = 0$; ferner

Winkel	$\varDelta x$	$\sin x$	$\varDelta y$	$\varDelta y : \varDelta x$
20^0	$1^0 = \pi : 180 =$	0,3420		
21^0	0,01745	0,3585	0,0164	0,94 $= \cos 20^0$

Ist $y = \sin x$, so ist $y' = \varDelta y : \varDelta x = \cos x$.   Daraus folgt auch $\log \varDelta y$ — $\log \varDelta x = \log \cos x$, z. B. $x = 41^0$, $\varDelta x = 10' = \pi/180 \cdot 6$; $\varDelta y = 0{,}022$; $\log \varDelta y - \log \varDelta x = 9{,}87869 - 10 = \log \cos 40^0\,52' = \sim \log \cos 41^0$.

Ähnlich bei $\cos x$!

Winkel	$\varDelta x$	$\cos x$	$\varDelta y$	$\varDelta y : \varDelta x$
20^0	$1^0 = \pi : 180 =$	$0{,}9396926$	$\Big\}\ -0{,}0061122$	$-0{,}35 =$
21^0	$0{,}01745$	$0{,}9335804$		$-\sin 20\,{}^1/_2{}^0$

Ist $y' = \cos x$, so ist $y'' = \varDelta y'/\varDelta x = -\sin x$ usw.   Man vergleiche hierzu PERRY, *Höhere Analysis*, Übersetzung 1902, 203.   Man ermittele auch graphisch an einigen Stellen das Steigungsmaß der Tangente; z. B. in Kurve I erhält man für $x = 40^0$ $\alpha = 37\,{}^1/_2{}^0$ und $\operatorname{tang} 37\,{}^1/_2{}^0 = 0{,}767 = \cos 40^0$, oder $x = 30^0 = \pi/6$, so $\alpha = 41^0$ und $\operatorname{tang} 41^0 = 0{,}87 = \cos 30^0$.   Es ist $\lim \varDelta y/\varDelta x = dy/dx = \cos x$, wenn $y = \sin x$.   Ebenso ist $y'' = -\sin x$.

In Wirklichkeit ist noch zu beachten, daß nach LENZ bei zunehmender Stromstärke die Richtung des induzierten Stromes umgekehrt wie die des primären ist.   Es ist $-dI/dt$ zu bilden, wenn I statt y und t statt x gesetzt wird; nicht II, sondern IV ist ein Bild des von I induzierten Stromes. Letzterer hat also 90^0 Phasendifferenz gegen seinen Erzeuger, u. zw. hinkt er ihm nach, was auch ohne Rechnung bei Vorzeigen einer Tafel mit Fig. 17 sofort einleuchtet.

Gebraucht wird ferner noch die erste Ableitung von $y = \sin nx$.   Das Steigungsmaß der Tangente ist $y' = \varDelta y : \varDelta x = n \cos nx$.   Beispiel: $y = \sin 2x$ und $y' = 2 \cos 2x$ oder $y = \sin 3x$ und $y' = 3 \cos 3x$ usw.

Winkel	$\varDelta x$	$\sin 2x$	$\varDelta y$	$\varDelta y : \varDelta x$
20^0	$1^0 = \pi : 180$	$0{,}6427876$	$\Big\}\ 0{,}026343$	$1{,}51 = 2 \cdot 0{,}755 =$
21^0	$= 0{,}01745$	$0{,}6691306$		$2 \cos 41^0 = 2 \cos 2 \cdot 20\,{}^1/_2{}^0$

Auch bei der graphischen Darstellung von $y = \sin 2x$ sieht man sofort, daß die Kurve am Anfang viel steiler steigt als $y = \sin x$; für sehr kleines x ist $\left|\dfrac{\sin 2x}{x}\right| = \left|\dfrac{\varDelta y}{\varDelta x}\right| = \dfrac{2x}{x} = 2 = 2 \cos 0^0$.   Ähnlich überzeugt man sich durch Betrachtung des Anfangswertes, daß $y = \sin 3x$ ergibt $y' = 3 \cos 3x$; aus $y = \sin nx$ folgt $y' = n \cos nx$.   Auch für andere Werte und graphisch läßt sich zeigen, daß die Differentialformeln richtig sind.

Die modernen Bestrebungen der Einführung der Differentialrechnung in die Schulen liefern ja einfacher dasselbe Ergebnis.   Es hat indes für die Physik wenig Wert, wenn kurz vor dem Abiturientenexamen einige Differentialformeln durchgenommen werden.   Mir scheint es zweckmäßig, in der Unterprima im Anschluß an den binomischen Satz etwa das Differenzieren von ax^n , $\sin x$, $\cos x$, $a \sin nx$ schon zu üben.   Das würde manche Anwendung auf unsern Gebieten ermöglichen. Obige Differenzenrechnungen und graphische Übungen sind dabei nicht überflüssig.

7. **Phasenverschiebung durch Selbstinduktion.** Kurve I in Fig. 18 stellt die Spannung eines Wechselstromes dar und also auch den Strom, wenn keine Selbstinduktion vorhanden wäre; nun kommt letztere dazu, II in Fig. 18, wie in Fig. 17 der von I induzierte Strom durch IV gegeben ist; die Zeichnung von II in Fig. 18 ist absichtlich zunächst falsch. Als Resultierende ergibt sich die punktierte Stromkurve III, die um das Stück OB oder AC, den Winkel φ, in der Phase verschoben ist. Beispiel: I $y = \sin x$; II $y''' = -\,{}^1\!/_2 \cos x$; gesucht III.

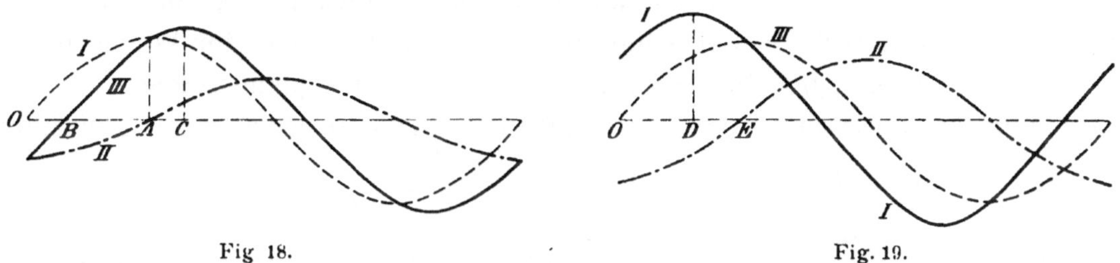

Fig 18.   Fig. 19.

In Wirklichkeit ist die Selbstinduktion gar nicht von Kurve I abhängig, sondern von der resultierenden Stromstärke III verursacht. Man zeichne (Fig. 19) zunächst Kurve III, dann II und ermittele durch Subtraktion der Ordinaten I. Beispiel: III $= y = \sin x$; II $= y''' = -\,{}^1\!/_2 \cos x$; gesucht I und der Phasenwinkel.

Versuche zur Demonstration der Selbstinduktion sind zahlreich bekannt; sie hat dieselbe Bedeutung in der Elektrizität wie die Trägheit in der Mechanik. Es ist Zeit erforderlich, damit bei vorhandener Spannung der Strom entsteht: ebenso schwindet dieser nicht sofort, wenn die Spannung plötzlich aufhört.

8. **Frequenz.** Es sei $E = E_m \sin \omega t$ und $I = I_m \sin \omega t$. Darin sind E und I die momentanen, E_m und I_m die maximalen Werte von Spannung und Strom eines Wechselstromes ohne Phasenverschiebung. Nun ist $I = I_m \sin \omega t = I_m \sin(\omega t + 2\pi) = I_m \sin \omega(t + T)$, wenn T die Dauer einer Periode ist. $\omega T = 2\pi$; also $\omega = 2\pi : T = 2\pi n$. Darin ist n die Periodenzahl oder Frequenz, $2n$ die Wechselzahl. Übliche Periodenzahlen sind 25 (nur für Motorzwecke), 40 und 50. Flackern einer Glühlampe bei langsamem Laufen eines Gleichstrom-Wechselstromumformers. Die intermittierenden Ströme der elektrolytischen Unterbrecher haben die Periodenzahl ~ 1000, die Kondensatorschwingungen bei tönender Bogenlampe ~ 10000 und die elektrischen Schwingungen nach Hertz, Tesla usw. haben die hohe Frequenz von 100000 bis über 1 Milliarde. Bestimmung der Frequenz nach verschiedenen Methoden, von den Hochfrequenzströmen abgesehen, besonders aus akustischen Wirkungen. Versuch des galvanischen Tönens. Die Frequenz beeinflußt die Selbstinduktion, wie sofort einleuchtend: Hoch-

frequenzschwingungen rufen sehr erhebliche Selbstinduktion da hervor, wo langsamer Wechselsstrom sie nicht zeigt.

9. **Berechnung des Phasenwinkels.** Die Amplitude der Selbstinduktionskurve II in Fig. 19 war kleiner als die von III, dabei war $\varphi < 45^0$. Haben II und III gleiche Amplitude, und konstruiert man aus III—II durch Subtraktion der Momentanwerte der Ordinaten die Spannungskurve I, so ist diese um 45^0 gegen den Strom nach links verschoben. Wird III flacher und II höher, so beträgt die Verschiebung mehr als 45^0. Im Grenzfall könnte sie 90^0 sein. In diesem wichtigen Falle wird die ganze Spannung zur Überwindung der Selbstinduktion gebraucht. Erst wenn die Spannung ihren größten Wert erreicht hat, kann der Strom fließen; bei nachlassender Spannung verlängert die Selbstinduktion den Strom. Soll der Wechselstrom $I = I_m \sin \omega t$ in einer Spule ohne Ohmschen Widerstand fließen, so daß also nur die Selbstinduktion, eine gegen-elektromotorische Kraft, zu überwinden ist, so ist dazu eine Spannung $E = \left[L \cdot \dfrac{dI}{dt} \right] =$ Selbstinduktionskoeffizient $\cdot \left[\dfrac{\text{Änderung der Stromstärke}}{\text{in der Zeiteinheit}} \right]$ nötig. Nun ist oben gezeigt, daß die Änderung der Funktion $y = \sin nx$ durch $n \cos nx$ dargestellt wird; hier ist die Änderung von $I = I_m \cdot \sin \omega t$ entsprechend $I_m \cdot \omega \cdot \cos \omega t$; also $E = L I_m \cdot \omega \cdot \cos \omega t = L I_m \omega \sin (\omega t + \pi/2)$, d. h. die Spannung eilt dem Strom um $\pi/2$ voraus. Daß ferner die Selbstinduktion durch $\omega = 2 \pi n$, d. h. durch die Frequenz, beeinflußt wird, ist früher schon erwähnt. Man setze $I_m \omega L = E_m$, so wird $E = E_m \cdot \sin (\omega t + \pi/2)$, die gewöhnliche Form der Spannungskurve. Die Gleichung $E_m = I_m \cdot (\omega L)$ entspricht dem Ohmschen Gesetze $E = I W$; es ist ωL die Induktanz oder der Wechselstromwiderstand. Natürlich ist auch $I = E : \omega L$, wenn nur Wechselstromwiderstand vorhanden ist; darin ist $\omega = 2 \pi n$ und L eine Größe, die von der Gestalt der Spule und den gewählten Einheiten abhängt.

Vergleiche. Eine Lokomotive fahre mit Volldampf an; die Dampfzufuhr werde allmählich verringert und bei erreichter maximaler Geschwindigkeit null, worauf zuerst wenig und dann mehr Gegendampf gegeben wird. Kommt die Maschine zum Stillstand, so ist gerade die Dampfzufuhr am stärksten und wird von da ab wieder ganz allmählich vermindert, und so fort. Auch hier ist zwischen der Wechselstrom-Dampfzufuhr (Spannung) und der Geschwindigkeit (Stromstärke) eine Phasendifferenz von 90^0 infolge der Trägheit (Selbstinduktion) der Lokomotive. — In einer **U**-förmigen Röhre pendelt infolge einer anfänglichen Niveaudifferenz eine Flüssigkeit möglichst reibungslos hin und her. Die graphische Darstellung der Niveaudifferenz und Stromstärke gibt Sinuskurven, wenn die Abszissenachse die Zeit darstellt. Der Strom hinkt der Niveaudifferenz um 90^0 nach. Die zu überwindende Gegenkraft ist auch hier wieder die Trägheit. Derartige Vergleiche können bei elementarer Behandlung jede Rechnung ersetzen.

10. Ohmscher Widerstand und Selbstinduktion. Ist sowohl Ohmscher Widerstand wie Selbstinduktion durch den Strom $I = I_m \sin \omega t$ zu überwinden, so ist dazu erstens die Spannung $E_1 = I_m \cdot W \sin \omega t$ wegen des Ohmschen Widerstandes und zweitens $E_2 = I_m \cdot \omega L \cdot \cos \omega t$ wegen der Induktanz erforderlich. Es ist $E_1 = E_m \cdot \sin \omega t$ und, da $E_m = I_m \cdot W$ nach Ohm, so ist auch $E_1 = I_m \cdot W \sin \omega t$ richtig. Nun ist $E = E_1 + E_2 = I_m \cdot (W \sin \omega t + \omega L \cos \omega t)$. Wir setzen $W = \rho \cos \varphi$ und $\omega L = \rho \sin \varphi$, so wird $E = I_m \cdot \rho \cdot \sin(\omega t + \varphi)$, worin der Hilfswinkel φ durch $\tang \varphi = \omega L / W$ bestimmt ist und $\rho = \sqrt{W^2 + \omega^2 L^2}$ die sogenannte Impedanz darstellt. Das erweiterte Ohmsche Gesetz lautet also $E = I_m \cdot \sqrt{W^2 + \omega^2 L^2} \cdot \sin(\omega t + \varphi)$, worin die Phasenverschiebung durch $\tang \varphi = \omega L / W$ gegeben ist und der Strom der Spannung nacheilt.

Daraus folgt, daß $\varphi = 90^0$ wird für sehr großes ω, d. h. hohe Frequenz, oder sehr kleinen Ohmschen Widerstand W. Abstoßung eines Ringes durch Wechselströme nach Elihu Thomson, auch durch die Primärspule eines Teslatransformators. Die in dem Ringe induzierte Stromspannung ist gegen den induzierten Strom (siehe Fig. 17, I und IV) um 90^0 verschoben. Vermöge der Selbstinduktion eilt der in dem Ringe fließende Strom seiner eigenen Spannung noch um weitere 90^0 nach, also ergibt sich 180^0 Phasendifferenz zwischen den Stromstärken des induzierten und des induzierenden Stromes, d. h. beständige Abstoßung.

Wo die Elemente der höheren Analysis auf der Oberstufe betrieben werden, könnte man das Ohmsche Gesetz in der von Helmholtz erweiterten Form $E = I W + L \cdot dI/dt$ behandeln. Darin ist $I = I_m \cdot \sin \omega t$, also $E = I_m \cdot (W \sin \omega t + L \omega \cos \omega t) = I_m \sin(\omega t + \varphi) \cdot \sqrt{W^2 + \omega^2 L^2}$. Man vergleiche Mellor, *Höhere Mathematik*, deutsch von Wogrinz und Szarvassi (Berlin, J. Springer, 1906), S. 291 oder Perry, *Höhere Analysis*, 1902, S. 193. Ist $E = 0$ in obiger Differentialgleichung, so ist $I = I_m e^{-\frac{W}{L} t}$ der Extrastrom beim Öffnen. Ist E konstant, so ist $I = \frac{E}{W} \cdot \left(1 - e^{-\frac{W}{L} t}\right)$ der Extrastrom bei Stromschluß. Man setze in letzter Formel mit Perry $E = 100$, $W = 1$, $L = 0,01$ Henry, $e = 2,718$ und zeichne den zerhackten Gleichstrom, der durch abwechselndes Schließen und plötzliches Unterbrechen von je 0,05 sec Dauer entsteht.

Es ist die Impedanz $\sqrt{W^2 + \omega^2 L^2}$ die Hypotenuse eines rechtwinkligen Dreiecks mit den Katheten W und ωL, d. h. Resistanz und Induktanz. Auch ohne die letzten Rechnungen ist einleuchtend, daß die sinoidale Schwingung von der Form $E/I_m = W \sin \omega t + b \cos \omega t$ sein muß, d. h. gleich der Summe zweier Schwingungen von 90^0 Phasendifferenz. Ist $b = 0$, so muß das Ohmsche Gesetz resultieren; b rührt natürlich von der Selbstinduktion her, es ist der Wechselstromwiderstand. Wie oben elementar gezeigt, ist $\tang \varphi = b : W$ und $E/I_m = \sqrt{W^2 + b^2} \sin(\omega t + \varphi)$. Daß nun $b = \omega L$ sein muß, kann bis auf den Faktor 2π in ω leicht veranschaulicht werden.

Vergleiche. Die Temperaturkurve hinkt dem Jahreszeiten-Wechselstrom nach; Januar und Februar sind recht kalt, Juli und August besonders warm. Ebbe und Flut hinkt der Mondbewegung nach. Denkt man sich in dem obigen Vergleich mit der U-förmigen Röhre in der unteren Biegung ein drehbares Rad angebracht, so würde das etwa von rechts kommende Wasser links nicht ganz so hoch steigen; es muß ein äußerer Druck von rechts dazukommen, der auch nach Erreichung der Gleichgewichtslage weiterwirkt und später negativ wird. Es ist klar, daß jetzt nicht mehr 90° Phasendifferenz zwischen Druck und Strom bestehen. — In dem Zylinder einer Dampfmaschine besteht eine Phasendifferenz zwischen dem Dampf-Wechselstrom und der Kolbenbewegung bei passender Regulierung der Steuerung.

In den Spulen des Grammeschen Ringes einer Gleichstromdynamomaschine entstehen bei der Drehung Wechselströme, und durch Selbstinduktion in der Maschine entsteht Wechselstromwiderstand, also auch ein Nachhinken des Stromes hinter der Spannung; dem kommt die bekannte Verschiebung der Bürsten in der Drehrichtung entgegen; unten bei Besprechung der Interferenz wollen wir diese Erscheinung noch einmal aus einem anderen Gesichtspunkte betrachten. Auch die Drehung des Mehrphasenmotors Fig. 12 durch Einphasenwechselstrom demonstriert die Phasenverschiebung.

11. Phasenverschiebung durch eine Kapazität. Ist in die äußere Strombahn eines Wechselstromerzeugers ohne jeden andern Widerstand ein Kondensator eingeschaltet, so eilt, gerade umgekehrt wie bei der Verschiebung durch Selbstinduktion, der Strom der Spannung um 90° voran. Ist außerdem noch Ohmscher Widerstand vorhanden, so findet eine Phasenverschiebung um $\varphi < 90°$ statt.

Versuch. Zur Veranschaulichung des Vorauseilens des Stromes diene folgendes Experiment. In Fig. 20 ist K ein größerer Papierkondensator von mehreren Mikrofarad Kapazität, es genügen die kleinen billigen Kondensatoren von Mix und Genest für 500 Volt, von denen einer zu 2 Mikrofarad 3,25 M kostet. D ist ein empfindliches Galvanoskop mit magnetisierter Nähnadel als Magnet und Strohhalmzeiger, G_1 und G_2 sind 110-Volt-Glühlampen, Klemme A ist geerdet. Wird 1. Klemme C mit dem + 110 Voltleiter des Anschlusses verbunden, so wird die Kondensatoren-Batterie K auf 55 Volt geladen, der Zeiger von D schlägt infolge des Ladestromes etwa nach links aus. Man verbinde 2. C mit B durch einen

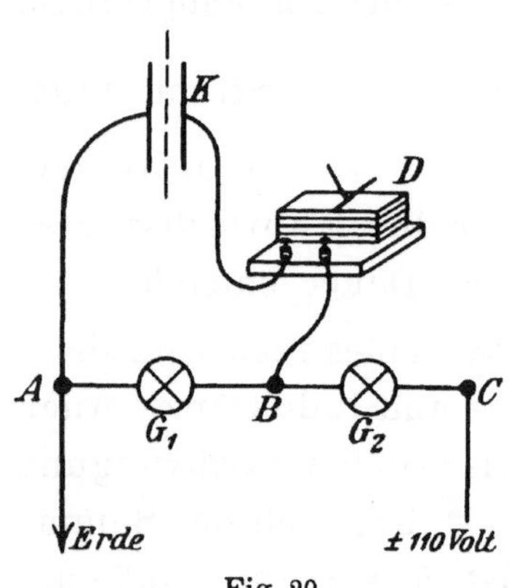

Fig. 20.

Draht, so wird K auf + 110 Volt geladen; ebenfalls Ausschlag nach links. Man hebe 3. den Kurzschluß BC auf; Ladung + 55 Volt; Ausschlag von D nach rechts. Wird 4. C geerdet, so ist K auf 0 Volt geladen; Ausschlag nach rechts.

Jetzt wird 5. C mit -110 Volt verbunden, K auf -55 Volt geladen; in D Ausschlag nach rechts; 6. Kurzschluß BC, K auf -110 Volt geladen und Ausschlag nach rechts; 7. Kurzschluß BC beseitigt, Ladung von K sinkt auf -55 Volt, Ausschlag nach links; ebenso 8., wenn C geerdet wird. Man stelle Spannung und Strom graphisch dar; beim Maximum und Minimum der Spannung erfolgt der Wechsel der Stromrichtung. Wird ein Kondensator durch einen Wechselstromerzeuger geladen, so wird ebenso der Strom null, wenn die Spannung ihren höchsten Wert hat. Von da ab sucht der Kondensator sich zu entladen; der Strom eilt also um 90^0 der Spannung voraus. Während des Abflauens der Spannung liefert der Kondensator einen Strom

$$I = C \cdot dE/dt = \text{Kapazität} \cdot \frac{\text{Änderung der Spannung}}{\text{in der Zeiteinheit}} = C \cdot E_m \cdot \omega \cos \omega t,$$

wenn $E = E_m \sin \omega t$ ist.

$I = E_m \cdot \omega C \sin (\omega t + \pi/2)$, d. h. der Strom eilt um $\pi/2$ oder 90^0 der Spannung vor. Man setze $E_m \cdot \omega C = I_m$, so ist $I = I_m \sin (\omega t + \pi/2)$. Vergleicht man $I_m = E_m \cdot \omega C = \frac{E_m}{1 : \omega C}$ mit dem Ohmschen Gesetz, so ist $\frac{1}{\omega C}$ der Wechselstromwiderstand, was sich auch durch Versuche mit Papierkondensatoren leicht veranschaulichen läßt.

12. Resonanz. $T = 2\pi \sqrt{LC}$. Ist Ohmscher Widerstand und Selbstinduktion zugleich in den Schwingungskreis eines Wechselstromerzeugers eingeschaltet, so ist für den Wechselstrom $I = I_m \sin \omega t$ oben als erweitertes Ohmsches Gesetz $E = I_m \cdot \sqrt{W^2 + \omega^2 L^2} \sin (\omega t + \varphi)$ abgeleitet, worin $\tan \varphi = \frac{\omega L}{W}$ ist. Wird jetzt noch die Kapazität C dazugeschaltet gedacht, so ist

$$E = I_m \sqrt{W^2 + \left(\omega L - \frac{1}{\omega C}\right)^2} \sin (\omega t + \varphi) \text{ und } \tan \varphi = \frac{\omega L - \frac{1}{\omega C}}{W}, \quad \text{da der}$$

Widerstand der Kapazität durch $\frac{1}{\omega C}$ dargestellt wird und der Selbstinduktion gerade entgegenwirkt. Es ist $E = E_1 + E_2 + E_3 = I_m W \sin \omega t + I_m \omega L \cos \omega t - I_m \cdot \frac{1}{\omega C} \cos \omega t$ zu addieren, woraus sich obige Formel ergibt.

Ist zufällig $\omega L = \frac{1}{\omega C}$, so ist $\varphi = 0$ und $E = I_m W$, wie bei gewöhnlichem Gleichstrom; es tritt dieser Fall der „Resonanz" ein, wenn $\omega^2 = \frac{1}{LC}$ oder $\omega = \frac{1}{\sqrt{LC}} = 2\pi n = \frac{2\pi}{T}$, d. h. $T = 2\pi \sqrt{LC}$.

Experimentelle Veranschaulichung dieser Formel mit der Seibtschen Spirale nach Grimsehl, *Monatshefte f. d. nat. Unterricht* 1908, 289—299 oder Müller (Bremen), *Zeitschr.* **19**, 152. Man vergleiche auch unten in IIC den Abschnitt über $T = 2\pi \sqrt{LC}$.

Einfacher und selbst an einem Gymnasium möglich ist die Veranschaulichung der Formel $T = 2\pi \sqrt{LC}$ durch Vergleich mit den Pendelschwingungen in Verbindung mit der Ableitung der Dimension der Größen L und C. Die Pendelformel $t = 2\pi \sqrt{\frac{l}{g}}$ nimmt bei der harmonischen Bewegung die

Form $2\pi\sqrt{\dfrac{1}{K}}$ und beim physischen Pendel die Form $2\pi\sqrt{\dfrac{\text{Trägh.-Moment}}{\text{größtes Drehmoment}}}$
an, worin K die Kraft in der Entfernung 1 ist. Dieselbe Formel für elektrische
Schwingungen enthält den Selbstinduktionskoeffizienten L, gemessen in Henries,
und die Kapazität C, gemessen in Farad. Nun ist $L = 1$ Henry, wenn bei
einer Änderung von 1 Amp in 1 sec eine elektromotorische Gegenkraft von
1 Volt induziert wird; $E = L\,.\,dI/dt$. Also Henry $= \left|\text{Volt}:\dfrac{\text{Amp}}{\text{sec}}\right|$.. Nun
sind die Dimensionen der Spannung $\left|l^{3/2}\,m^{1/2}\,t^{-2}\right|$, der Stromstärke $\left|l^{1/2}\,m^{1/2}\,t^{-1}\right|$,
Stromstärke : Zeit $\left|l^{1/2}\,m^{1/2}\,t^{-2}\right|$ und Selbstinduktion $\left|\dfrac{l^{3/2}\,m^{1/2}\,t^{-2}}{l^{1/2}\,m^{1/2}\,t^{-2}}\right| = l$.

Ferner ist $e = C\,.\,V$; die Einheit der Kapazität hat ein Leiter, der durch
1 Coulomb auf das Potential 1 Volt geladen wird. 1 Farad $= \dfrac{1\ \text{Coulomb}}{1\ \text{Volt}}$
$= \left|\dfrac{l^{1/2}\,m^{1/2}}{l^{3/2}\,m^{1/2}\,t^{-2}}\right| = \left|l^{-1}\,t^{2}\right|$. Da $C = \left|l^{-1}\,t^{2}\right|$, so ist $1:C = \left|l^{1}\,t^{-2}\right|$. Also ist
in $T = 2\pi\sqrt{LC} = 2\pi\sqrt{\dfrac{L}{1:C}}$ die Größe L von der Dimension l und $1:C$ von
der Dimension der Beschleunigung g. Die Pendelformel $t = 2\pi\sqrt{\dfrac{l}{g}}$ und
die für elektrische Schwingungen $T = 2\pi\sqrt{LC}$ entsprechen einander. 1 Farad
ist gleich 10^{-9} und 1 Henry gleich 10^{9} absoluter Einheiten, das Produkt LC,
in Farad und Henry gemessen, also auch gleich dem Produkt der absoluten
Einheiten. In einfachen Fällen lassen sich L und C durch Ausmessen der
Leiter und Kondensatoren ermitteln; dadurch ist dann auch die Schwingungszeit T gegeben.

Da Henry $= \left|\text{Volt}:\dfrac{\text{Amp}}{\text{sec}}\right|$ und Farad $= \left|\text{Coulomb}:\text{Volt}\right|$, so ist das
Produkt Henry . Farad $= LC = \left|\text{Coulomb}:\dfrac{\text{Ampere}}{\text{sec}}\right| = \text{sec}^{2}$; also $T = 2\pi\sqrt{LC}$
noch kürzer der Dimension nach als richtig nachgewiesen.

13. Leistung eines Wechselstromes. Der Effekt ist gleich $E_{eff}\,.\,I_{eff}\,.$
$\cos\varphi$, d. h. gleich dem Produkt aus den effektiven Werten von Spannung
und Strom, multipliziert mit dem Cosinus des Phasenwinkels. Man kann sich
vielleicht damit begnügen, auf die Berechnung der Energie in der Mechanik
aus Kraft . Weg . cos des von ihnen gebildeten Winkels hinzuweisen. Eingehen auf die sogenannten Vektordiagramme ist wohl nicht nötig, würde
übrigens keine nennenswerten Schwierigkeiten verursachen. Es ist auch
wohl der Hinweis am Platze, daß jeder Wechselstrom in zwei andere von
90^{0} Phasendifferenz zerlegt werden kann, wie oben gezeigt, also wird man
die Stromkurve ersetzen durch eine, die mit der Spannungskurve in Phase
ist, und in eine von 90^{0} Phasendifferenz, die sogenannte „wattlose" Komponente. Da $E_{1}I_{1}\cos 90^{0} = 0$ ist, so kann diese Komponente keine äußere
Arbeit leisten. Der durch die erste Komponente erzielte Effekt ist $E_{eff}\,.\,I_{eff}\,.\,\cos\varphi$,
da diese Komponente nicht dieselbe Amplitude I_{m} hat wie die Stromkurve,

sondern die kleinere $I_m \cdot \cos \varphi$, wie oben gezeigt. Leider ist wohl an den meisten höheren Schulen die Anschaffung teurer Wechselstrommaschinen und dazu gehöriger Meßinstrumente ausgeschlossen, sonst ließe sich durch Vergleich der Angaben des Volt- und Amperemeters mit denen eines Wattmeters unser Satz leicht veranschaulichen und der Phasenwinkel bestimmen. Modelle einfacher Hitzdrahtinstrumente und eines Elektrodynamometers mit an Lamettafaden hängender beweglicher Spule sind zwar leicht herstellbar, meist aber nicht genau genug.

Graphische Übungen zu diesem Kapitel sind empfehlenswert. Ist $\varphi = 0$, handelt es sich um die Kurve $y = \sin^2 x$ und die Zeichnung Fig. 15.

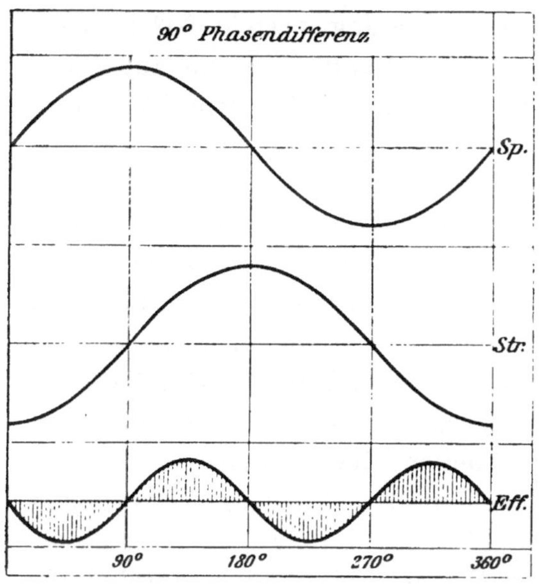

Fig. 21.

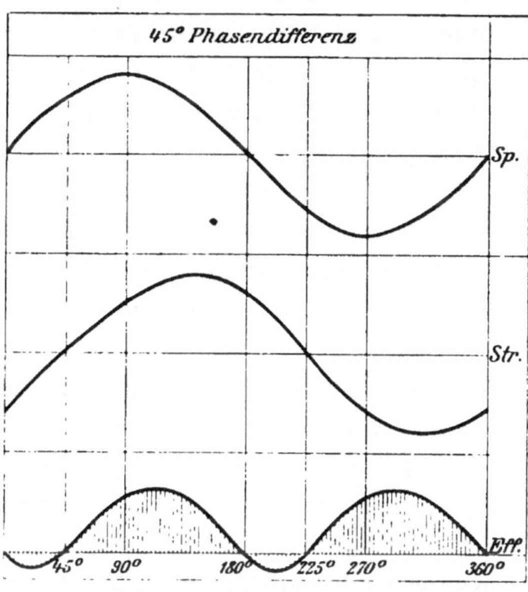

Fig. 22.

Ist in Fig. 21 die Phasendifferenz zwischen Spannung und Strom 90^0, so ist $E I \cos 90^0 = 0$; die graphische Darstellung der Leistung ergibt dasselbe, da die schraffierten Flächenstücke ein Maß für die Leistung sind; sie sind teils positiv, teils negativ; ihre Summe ist null. Fig. 22 zeigt den Fall $E I \cos 45^0$ in graphischer Darstellung; die Leistung ist gleich der Summe der oberhalb der Abszisse liegenden Flächenstücke, vermindert um die unterhalb liegenden, also erheblich kleiner als in Fig. 15. Die Größe der Flächen ist zu bestimmen.

14. Transformation. Es ist, von einigem Verlust abgesehen, das Produkt der effektiven Werte von $E I = E_1 I_1$, wenn E_1 und I_1 die entsprechenden Werte des induzierten Stromes in der sekundären Wickelung sind; es kann also ein Wechselstrom von 100 Volt und 100 Ampere in einen solchen von 10000 Volt und 1 Ampere verwandelt werden, wenn die Widerstände beider Wickelungen sich wie $1:100$ verhalten. Versuch: *Zeitschr.* **20**, 353. Es wird auf der Bahn Blankenese-Ohlsdorf ein Teil der Betriebsspannung von 6300 Volt auf 30000 Volt herauftransformiert, von dem Werk in Altona

in dieser Form in dünnen Drähten nach Barmbeck geleitet und dort für das letzte Ende der Bahnstrecke wieder zurücktransformiert.

Nicht unwichtig ist der Hinweis, daß auch beim Wechselstrom ähnlich wie beim Gleichstrom durch Parallelschalten zu einem Stück AB einer Transformatorwickelung oder einer anderen Spule in einem Apparat G niedrig gespannter Strom erhalten werden kann. Ist die Spannung an den Enden der Spule 6300 Volt und AB 1 : 63 der ganzen Spule, so fließt durch G ein Strom von nicht ganz 100 Volt. Versuch mit Teilen einer ringförmigen Spule und Glühlämpchen. Kern- und Manteltransformatoren; Ölisolation. Rühmkorff und Teslatransformator; an letzterem läßt sich sehr gut auch das Heruntertransformieren zeigen. Zwischen dem Strom der primären Wickelung und der Spannung in der sekundären Wickelung besteht 90° Phasendifferenz. Infolge der Selbstinduktion hinkt der sekundäre Strom außerdem noch um einen gewissen Winkel nach. Auf die genauere Theorie des Transformators kann hier nicht weiter eingegangen werden.

Als Transformation eines elektrischen Stromes kann es auch angesehen werden, wenn beim plötzlichen Öffnen eines Gleichstromes durch die Selbstinduktion eine momentane Erhöhung der EMK. entsteht; vergleiche Poske, Oberstufe, Fig. 377. Unschädlichmachung des dadurch verursachten Funkens beim Induktor durch den Papierkondensator. Die Leidener Flaschen im Teslaschwingungskreis Fig. 1 transformieren den vom Rühmkorff gelieferten Strom in einen solchen von niederer Spannung und größerer Stromstärke.

15. Vergleiche. Wie oben das Nacheilen des Stromes hinter der Spannung infolge der Selbstinduktion mit mechanischen Vorgängen verglichen ist, so kann man auch das Vorauseilen des Stromes infolge eingeschalteter Kapazität durch Vergleiche erläutern. Ein Windkessel, in dem durch Luftpumpen Druckschwankungen zwischen 1,5 und 0,5 Atmosphären erzeugt werden, stehe mit einem Manometer in einer U-förmigen Röhre in Verbindung; die Flüssigkeit im Manometer beginnt schon zurückzuströmen, wenn der Überdruck anfängt geringer zu werden. Eine gespannte Feder oder elastische Spirale zeigt die umgekehrte Bewegungsrichtung schon dann, wenn der Zug oder Druck anfängt geringer zu werden. Während die Selbstinduktion gewöhnlich mit der Trägheit verglichen wird, kann die Kapazität mit der potentiellen Energie in gewissen Fällen verglichen werden. Daß Leidener Flaschen im Teslakreis die Spannung herabsetzen und die Stromstärke vergrößern, habe ich wohl mit der Wirkung eines Staubeckens in einem Flußlauf verglichen: der Bodensee nimmt etwaiges Hochwasser des Oberrheins auf und sorgt für länger dauernden gleichmäßigen Abfluß. — Steht Wasser in einer U-förmigen Röhre zunächst rechts höher als links, und ist die Röhre links oben enger als in dem übrigen Teil, so wird das Wasser, wenn man es pendeln läßt, links nicht ebenso hoch steigen wie rechts, sondern infolge der Trägheit erheblich höher; es wird vielleicht sogar aus einer engen Öffnung herausspritzen. Wie die Selbstinduktion die Spannung bei plötzlicher

Widerstandsvergrößerung erhöht, so vergrößert hier die Trägheit, genauer
die kinetische Energie, die Niveaudifferenz; das Herausspritzen von Wasser
oben aus der Röhre gleicht dem Unterbrechungsfunken; Montgolfiers hydrau-
lischer Widder. Eine Erweiterung auf der linken Seite unserer U-Röhre
würde natürlich umgekehrt wirken; eine Verengung mit einer Erweiterung
darüber könnte so abgepaßt sein, daß der Gesamteinfluß null ist. — Ebbe
und Flut ist auf dem Ozean ein Wechselstrom mit geringer Niveaudifferenz;
in engen Buchten der Küsten wird er in einen solchen mit erheblichem
Niveauunterschied transformiert.

Wie weit man in der Behandlung des Wechselstromes gehen kann, wird
natürlich an den einzelnen Schulen verschieden sein. Ich habe einmal einiges
davon in der Unterprima behandelt, dabei kommt leider die Akustik am
Schluß des Jahres zu kurz.

C. Behandlung der elektromagnetischen Lichttheorie und der Lehre von den elektrischen Schwingungen im Unterricht.

1. Die Behandlung der Optik und der Lehre von der elektrischen
Strahlung auf der Oberstufe kann eine individuell recht verschiedene sein.
Man kann alles, was von elektrischen Schwingungen durchgenommen werden
soll, an den Anfang des Unterrichts stellen. Daran würden sich die Versuche über strahlende Wärme anzuschließen haben; Versuche nach Looser
mit dem Farbenthermoskop von Rebenstorff, mit einer Thermosäule oder,
mit Benutzung eines Zinksulfidschirmes nach Danneberg (*Zeitschr* **21**, 157)
kommen dabei in Frage, vielleicht auch Radiometerversuche, z. B. um die
Durchlässigkeit dünner Hartgummischeiben und die Undurchlässigkeit von
Kupfervitriollösung zu zeigen; Linsenversuch mit dem Jod-Schwefelkohlenstoffkölbchen und anderes mehr. Daran würde sich die eigentliche Optik
schließen. Dabei würde auch einiges über ultraviolette Strahlen zu erwähnen
sein; bei diesen wird an Experimenten wohl nur die Photographie des
Spektrums, die Wirkung auf einen Leuchtschirm, die entladende Wirkung
nach Hertz (siehe auch *Zeitschr.* **21**, 361) und die Untersuchung der verschiedenen Durchlässigkeit der Substanzen (Quarzprisma und Quarzlinse) in
Betracht kommen.

Gerade umgekehrt kann man auch die Optik an den Anfang stellen,
hieran die strahlende Wärme schließen und zuletzt die elektrischen Wellen
sowie eine Übersicht über die Theorien vom Licht bringen. Dies wird an
manchen Schulen den Vorteil haben, daß gegen Schluß des Jahres eine
gewisse Bekanntschaft mit einigen Differentialformeln vorausgesetzt werden
darf, wodurch ein tieferes Eindringen in die Theorie ermöglicht wird.

Eine dritte Möglichkeit, die auch nicht von der Hand zu weisen ist,
würde die sein, die einzelnen Strahlungsarten nicht nacheinander, sondern
gleichzeitig zu behandeln. Dabei wird natürlich die reine Optik überwiegen,

die anderen Strahlen werden aber zur Ergänzung auch herangezogen; es werden also im Unterricht einige ausgewählte Kapitel aus der Strahlungslehre geboten. In dieser erweiterten Optik könnte man mit Newtons Emanationshypothese beginnen und im Anschluß daran Kathoden-, Röntgen- und Radiumstrahlen behandeln, die auf dieser Stufe den Schülern schon bekannt sein werden. Daran könnte eine Besprechung der Undulationstheorie angeschlossen werden, bei der man von Grimsehls Versuchen mit Wasserwellen (*Zeitschr.* 19, 271) ausgehen könnte; diese Versuche sind vielleicht schon auf einer früheren Stufe vorgeführt worden und würden also nur zu wiederholen sein.

Hieran kann sich eine geschichtliche Übersicht über 'die elektromagnetische Lichttheorie schließen. Kohärerversuche und Teslaversuche werden bekannt sein und können erwähnt werden. Um die nahe Verwandtschaft zwischen Elektrizität und Licht zu zeigen, kann die Widerstandsverminderung einer Selenzelle gezeigt werden, wenn diese vorhanden ist; sicher lassen sich einige Entladungserscheinungen durch Licht vorführen.

Vielfach ist es üblich, die Crookessche Lichtmühle bei Beginn der Optik zu besprechen, um zu zeigen, daß das Licht auch Arbeit leisten kann, also eine Energieform ist. Daran lassen sich Versuche mit dem Radiometer über Wärmestrahlung knüpfen und elektrische Abstoßungsversuche nach Elihu Thomson, siehe oben Fig. 1. Bringt man die Spitze eines Flüssigkeitszerstäubers in die Nähe der Spitze des Lichtkegels der Kondenserlinse eines Projektionsapparates, so beobachtet man eine Einwirkung des Lichtkegels auf die feinen Stäubchen; die dem Licht zugewandte Seite des Flüssigkeitsstaubes sieht etwas anders aus als die abgewandte Seite. Die Zerstäubung muß senkrecht zur optischen Mittellinie, also nicht nach der Linse zu, erfolgen.

Ein besonders lehrreiches Kapitel könnte das über Durchlässigkeit der einzelnen Stoffe, einschließlich dünner Schichten, für die verschiedenen Strahlen werden; die Röntgenstrahlen wären hier mit zu berücksichtigen. Versuche über Durchlässigkeit der Stoffe für elektrische Schwingungen siehe oben in Abschnitt I B 4 und *Zeitschr.* 21, 370. Ähnliche Versuche über Durchlässigkeit der Stoffe für ultraviolette Strahlen und Wärmestrahlen sind bekannt; bei letzteren sei z. B. der Vergleich von Glas- und Steinsalzplatten mit dem Farbenthermoskop von Rebenstorff erwähnt.

An die Photometrie läßt sich der Nachweis der Abnahme der Wärmestrahlung nach Looser sowie die Demonstration der Abnahme elektrischer Strahlung mit dem Quadrat der Entfernung anschließen, siehe oben Fig. 3.

Bei der Behandlung der Lichtgeschwindigkeit wird die Bedeutung von v in den elektrischen Maßsystemen zu besprechen sein; die Bestimmung der Geschwindigkeit elektrischer Wellen nach Hertz oder Trowbridge und Duane wird kurz berührt werden müssen, wobei allerdings die Kenntnis der Formeln $v = n\lambda$ und $T = 2\pi\sqrt{LC}$ wünschenswert ist. Zunächst soll im folgenden nun die experimentelle Behandlung der wichtigsten Tatsachen aus der Lehre von den elektromagnetischen Schwingungen besprochen werden, da diese auch zum Verständnis mancher optischen Erscheinungen erforderlich sind.

2. Erster Nachweis elektrischer Schwingungen. Das Vorhandensein elektrischer Wellen wird heute wohl meist zunächst durch ihre Wirkung auf den Kohärer nachgewiesen. Bereits vor einiger Zeit hat GRIMSEHL darauf aufmerksam gemacht, daß die experimentelle Behandlung der Lehre von den elektrischen Schwingungen sich nicht auf einen derartigen Versuch beschränken darf, und eine Anordnung beschrieben, die auch in der Schule Versuche ähnlicher Art an den Anfang zu stellen gestattet, wie sie FEDDERSEN mit dem rotierenden Spiegel ausführte, und wodurch zuerst das Vorhandensein elektrischer Schwingungen bei der Entladung von Leidener Flaschen nachgewiesen ist. Zu erwähnen sind noch die Apparate und Versuche verschiedener Forscher, z. B. B. WALTER und GRIMSEHL, bei denen der rotierende Spiegel durch eine bewegte photographische Platte ersetzt ist. Derartige Apparate kommen nun zwar für viele Schulen kaum in Frage,

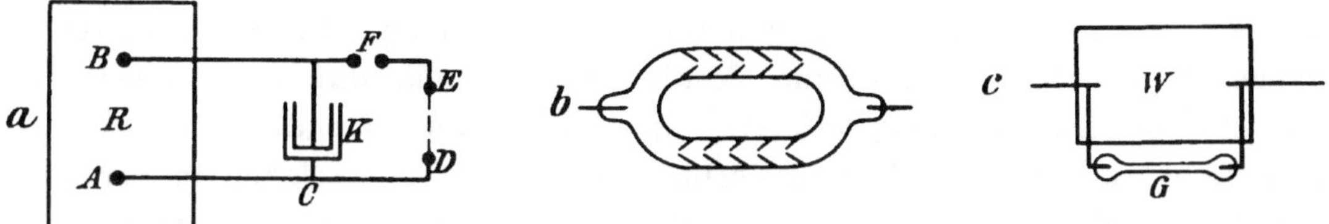

Fig. 23.

wohl aber wird die Vorführung einiger Lichtbilder oder das Vorzeigen gewöhnlicher Bilder möglich sein, um den Schülern einen Einblick in die historisch so wichtige Funkenanalyse zu geben.

HOLTZsche Doppel-Trichterröhre. Die Beobachtung von Funken im rotierenden Spiegel scheint mir in stark besetzten Klassen nicht immer empfehlenswert zu sein, da die Schüler dazu einzeln hervorkommen müssen[1]). Geeigneter zur ersten Einführung in die Lehre von den elektrischen Schwingungen erscheinen mir Versuche mit der bekannten Doppel-Trichterröhre von HOLTZ in Greifswald, dem verdienstvollen Erfinder der Influenzmaschine. Die Versuche können schon im Anfangsunterricht vorgenommen werden, sie eignen sich auch zur Wiederholung in der Oberstufe. Schaltet man die Trichterröhre Fig. 23 b zwischen den Polen A und B des Induktoriums direkt ein, so leuchtet bekanntlich nur der eine Zweig, ähnlich wie beim Übergang der Elektrizität von einer Spitze zu einer Platte es für die Funkenlänge nicht gleichgültig ist, ob die Spitze positiver oder negativer Pol ist. Kehrt man die Stromrichtung im primären Stromkreis des Induktoriums um, so leuchtet nur der andere Zweig. Speist man den Induktor mit Wechselstrom, so leuchten beide Zweige. Schaltet man nun diese Doppel-Trichterröhre zwischen

---

[1]) Man beobachte übrigens nicht nur vertikale Funken bei der Versuchsanordnung Fig. 1, sondern benutze auch Schwingungskreise mit in Serie geschalteten Leidener Flaschen, wie sie z. B. in WEILERS Physikbuch, Bd. I, Fig. 412 u. 413, dargestellt sind.

E und D in Fig. 23 a in den Schwingungskreis von Leidener Flaschen K ein, während der Rühmkorff R mit Gleichstrom betrieben wird, so ist das Ergebnis anders wie vorher. Wird die Funkenstrecke F möglichst groß gewählt, so leuchtet auch der zweite Zweig, freilich schwächer als der erste Wird nun zwischen C und D noch eine Drahtspirale (Selbstinduktion), etwa eine Teslaprimärspule geschaltet, so leuchtet auch bei geringerer Funkenstrecke der zweite Zweig mit. Bei „passend gewählter" Selbstinduktion leuchten beide Zweige der Holtzschen Röhre fast gleichmäßig; es sind also durch die Leidener-Flaschenentladungen elektrische Schwingungen, Wechselströme, erzeugt. Schaltet man Selbstinduktion und Holtzsche Doppel-Trichterröhre nicht in Serie, sondern zwischen E und D parallel zu einander, so kann man das gleichzeitige Leuchten beider Röhrenhälften auch beobachten.

Eine weitere Möglichkeit, diese Röhren zum Nachweis von elektrischen Schwingungen zu benutzen, ist die, sie einpolig an eine Antenne für drahtlose Telegraphie zu hängen, die mit einer der Kugeln in Verbindung steht, zwischen denen sich die Funkenstrecke in Öl befindet; beide Hälften leuchten und zeigen das Vorhandensein von Wechselströmen an. Ebenso leuchtet die ganze Röhre ohne irgend eine Verbindung in dem Raum zwischen zwei plattenförmigen Antennen, die sich in Glasgefäßen befinden und mit den Kugeln eines Funkensenders in Verbindung stehen; desgleichen in der Nähe von Oudins Resonanzspulen oder in der Nähe eines Teslatransformators.

Verwendung von gewöhnlichen Geisslerschen Röhren. Auch gewöhnliche Geisslersche Röhren mit gleichen Elektroden leuchten bekanntlich verschieden an beiden Polen, wenn sie von zerhacktem Gleichstrom durchflossen werden. Sie sind daher als Notbehelf auch wohl brauchbar, wenn es sich um den Nachweis von Wechselstromschwingungen handelt; ihr Leuchten kann, wenn sie sich in vertikaler Stellung befinden, womöglich auch noch im rotierenden Spiegel untersucht werden. Einfacher erscheinen mir aber die Versuche mit der Doppel-Trichterröhre. Recht empfehlenswert ist die Verwendung ganz kleiner Geisslerschen Röhren als Anhängsel an die Antennen für drahtlose Telegraphie. Ich benutze als Sender für elektrische Wellen einen Apparat von Meiser und Mertig, bei dem die mittleren Funken in Öl überspringen; die Antennen des Senders gehen horizontal nach entgegengesetzten Richtungen. An die Enden dieser Antennen hänge ich die kleinen Geisslerschen Röhren, um zu zeigen, daß die Sende-Antennen von elektrischen Schwingungen durchflossen sind. Hieran erst schließt sich die Demonstration der Wirkung elektrischer Wellen auf den Kohärer.

Auf der Oberstufe ist es zweckmäßig, bei Vorführung des in Fig. 23 skizzierten Schwingungskreises nicht bloß zu zeigen, daß die Leidener Flaschen elektrische Schwingungen liefern; es ist auch der Nachweis zu führen, daß die Flaschen sonst noch wie ein Transformator wirken. Dies kann durch Einschalten irgend welcher Thermoskope in die Zweige AC und

CD geschehen oder auch wie folgt. Schaltet man zwischen E und D eine Wasserwanne mit Leitungswasser und parallel dazu eine GEISSLERsche Röhre (Fig. 23 c), so leuchtet diese kräftig, nicht aber, wenn der Apparat zwischen A und C geschaltet ist. Am besten benutzt man zwei gleiche Apparate, die man leicht zusammenstellen kann, und billige kleine GEISSLERsche Röhren. Die Apparate zwischen A und C sowie zwischen D und E werden nach dem Versuch vertauscht und der Versuch wiederholt. Er zeigt, daß ein Strom geringer Stärke in die Leidener Flaschen fließt, während ein solcher mit größerer Stromstärke daraus hervorgeht. Daß die Spannung sich ändert, kann schon aus der kleinen Funkenstrecke geschlossen werden. Benutzt man nur einen Apparat W und G (Fig. 23 c) zwischen E und D, so kann man die Leidener Flaschen entfernen und zeigen, daß nun die Röhre G fast gar nicht leuchtet. Dasselbe beobachtet man in dem Teslasekundärkreis, in welchem die Stromstärke auch sehr gering ist.

3. **Elektrische Resonanz.** Die auffallendste und wichtigste Eigentümlichkeit der elektrischen Schwingungen ist die Resonanz. HERTZ hat dieselbe sofort erkannt und seinen Empfängern den Namen Resonatoren gegeben. Die HERTZschen Versuche sind ja im Unterricht ausführlich zu besprechen. Zur Demonstration eignen sich nur die ersten Versuche einigermaßen. Obwohl die Schüler dabei einzeln vorkommen müssen, soll man sie aber nicht unterlassen. Einige Resonatoren in Form von Drahtkreisen und Rechtecken kann man sich leicht selbst herstellen. Es kann hierbei vorteilhaft sein, die kleine Funkenstrecke von dem Drahtbügel zu trennen und beide nur durch kurze Drähte und Klemmschrauben zu verbinden. Die Funkenstrecke besteht aus vorn schräg abgeschnittenen Zinkblechstreifen, die sich fast berühren und durch Klammern auf einer isolierenden Unterlage festgehalten werden; die Blechstreifen können vor F_1 etwas nach oben gebogen sein, damit die Funken in der Luft überspringen; eine das Leuchten verstärkende Substanz kann unter F_1 angebracht werden. Ist der Resonator Fig. 24 durch den Draht $E\,F_1$ mit

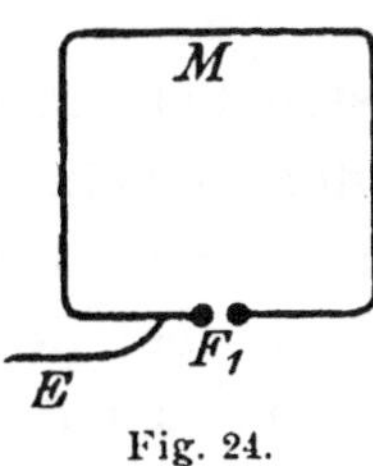

Fig. 24.

einem Pol des Induktors verbunden, so springen bekanntlich bei F_1 Fünkchen über, nicht aber, wenn der Draht von E nach M geführt wird. „Die Erscheinung ist am deutlichsten, wenn die Schwingungskreise aufeinander abgestimmt sind, d. h. wenn beide dieselbe Eigenschwingungsdauer haben",

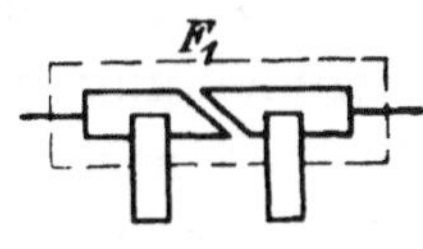

Fig. 25.

schreibt POSKE in der Oberstufe seiner Naturlehre. Benutzt man nicht den Rühmkorff direkt, sondern den in Fig. 23 dargestellten Schwingungskreis, wobei E in Fig. 23 und 24 sich entsprechen, so kann die Funkenstrecke F_1 bei einem Resonator von 1,80 m Umfang aus 2,2 mm dickem Draht gut 1 mm lang sein, wenn zwischen E und D eine Drahtspirale eingeschaltet ist. Überbrückt man diese Spirale durch Drauflegen von Stanniol oder Kurzschließen, so wird die Wirkung bei F_1 sofort geringer. Statt des

Bügels $F_1 M$ in Fig. 24 kann natürlich auch eine Drahtspirale benutzt werden.

Läßt man den Verbindungsdraht $E F_1$ fort, so sind die Fünkchen bei F_1 geringer. Als Sender kann ein solcher nach HERTZ oder nach RIGHI oder der Schwingungskreis Fig. 23 in Frage kommen. In letzterem Falle ist zwischen D und E die Teslaprimärspule so einzuschalten, daß ihre Windungsebenen parallel der des Resonators sind. Da die Schüler im mindestens halb verdunkelten Zimmer einzeln an den Experimentiertisch herantreten müssen, ist der Versuch nicht ganz vorteilhaft. Wird Punkt D und ebenso ein Pol der Funkenstrecke F_1 geerdet, so ist die Wirkung deutlicher.

Nicht allgemein bekannt scheint es zu sein, daß man an einem größeren Induktionsapparat, dessen Primärspule sich aus der Sekundärspule herausziehen läßt, die beiden ersten HERTzschen Versuche leicht ausführen kann; der Schwingungskreis $M F_1$ in Fig. 24 wird durch die Sekundärspule ersetzt, die bis auf eine kleine Funkenstrecke fast kurzgeschlossen ist. Die Sekundärspule ist also gewissermaßen der Resonator, die Unterbrechungsstelle des Primärkreises die Schwingungen liefernde Funkenstrecke. Die einpolige Verbindung $E F_1$ führt nach dem einen Pol der Unterbrechungsstelle des Primärkreises, während der andere geerdet ist. Wird der zur Unterbrechungsstelle parallel geschaltete Papierkondensator ausgeschaltet oder durch einen zu großen ersetzt, so wird die Wirkung geringer; desgleichen, wenn die einpolige Verbindung $E F_1$ gelöst wird; dann müssen Primär- und Sekundärschwingungskreis erheblich genähert werden, um dieselbe kleine Funkenstrecke zu erhalten. Liegen beide Spulen parallel dicht nebeneinander, so erhält man größere Funken, der Versuch macht aber zu sehr den Eindruck eines einfachen Induktionsversuchs. Auch hierbei erhält man durch galvanische Koppelung, d. h. durch einen Draht von einer Klemme des Unterbrechers nach einem Pol der Sekundärspule, an letzterer größere Funken. Ferner läßt sich wieder der Einfluß des Kondensators durch Ändern desselben untersuchen.

Abstimmung eines Funkeninduktors. Die am längsten bekannte Erscheinung auf diesem Gebiete ist wohl die Abstimmung der einzelnen Teile eines gewöhnlichen Rühmkorff behufs Erzielung maximaler Wirkung. Im Unterricht ließ sich früher die Abstimmung nicht zeigen, da bei den älteren Apparaten die Teile fest mit einander verbunden waren. Ist der Kondensator im Fuß des Induktors, wie es immer sein sollte, aus- und einschaltbar, so kann man zeigen, daß die erzielte Funkenlänge ohne den Kondensator erheblich geringer ist. Dasselbe tritt ein, wenn man einen größeren Papierkondensator, der höhere Spannungen vertragen kann, dem richtigen Kondensator parallel schaltet. Solche Kondensatoren sind heute nicht mehr unerschwinglich teuer. Der in kürzester Zeit ausführbare Versuch ist zur Demonstration der in der Elektrizität oft erforderlichen Abstimmung recht geeignet. An den Spulen selbst kann man ja in der Regel nichts ändern, es ist aber möglich, in den Primärkreis einen größeren Elektromagneten von geringem Ohmschen Widerstand zu schalten und durch diese Selbstinduktion die Abstimmung etwas zu stören.

Abstimmung des Teslatransformators. Der entsprechende Versuch beim Teslatransformator sei kurz angedeutet. Änderung der Primärspule nach GRIMSEHL durch Recken oder Zusammenpressen der Spirale, oder Zudecken eines Teiles der zu lang gewählten Sekundärspule mit Stanniol, wie oben beschrieben; oder auch Änderung der Zahl der benutzten Leidener Flaschen; sind 2 erforderlich, so erzielt man mit 1 oder 6 geringere Wirkungen; siehe oben I. C.

LODGES Resonanzversuch. Der Versuch ist z. B. in Poskes Naturlehre, Oberstufe § 149 beschrieben. Er zeigt besonders gut die Erscheinung der Resonanz. Hierzu möchte ich bemerken, daß man der Sendeflasche eine kleine Leidener Flasche parallel schalten kann, dadurch wird die Resonanz gestört, man muß den sekundären Kreis durch Verschieben des Bügels größer machen, also dessen Selbstinduktion vergrößern. Die für Schwingungen wichtige Formel $T = 2\pi\sqrt{LC}$ läßt sich so wenigstens teilweise andeuten. — Hält man eine größere Blechplatte dicht hinter den Primärkreis, etwa in der Absicht, um durch Spiegelung die Wirkung zu erhöhen, so beobachtet man umgekehrt ein Schwächerwerden bei gut abgestimmten Schwingungskreisen. Bei nicht ganz abgestimmten Flaschen kann aber durch Nähern der Blechplatte der Eindruck, als ob Spiegelung erfolgt, hervorgerufen werden. Hält man die spiegelnde Platte hinter die Empfänger-Flasche nebst Schwingungskreis, so muß die Verstimmung vorher in umgekehrtem Sinne an dem Schieber dieses Kreises erfolgt sein, um den Eindruck einer etwaigen Spiegelung durch das Hinhalten der Metallplatte zu erwecken. Die Ursache der Erscheinung liegt also mehr in der Kapazitätsänderung als in der Spiegelung. In der drahtlosen Telegraphie hat man aus naheliegenden Gründen auf die Anwendung von Spiegeln verzichtet. Hält man die spiegelnde Platte oben über die Flaschen parallel zum Tisch oder seitwärts von den Flaschen senkrecht zum Tisch und parallel der Achse beider Schwingungskreise, so liegt die Sache etwas anders als bei den letzten Versuchen.

Resonanz bei den Versuchen mit der HOLTZschen Doppel-Trichterröhre. Auch bei den oben erwähnten Experimenten mit einer großen HOLTZschen Doppelröhre fällt sofort auf, daß die Resonanz dabei eine Rolle spielt. Es mußte eine passend gewählte Selbstinduktion mit der Röhre in Serie in den Schwingungskreis der Leidener Flaschen geschaltet werden, damit beide Hälften der Röhre gleichmäßig leuchten. Ist die Selbstinduktion zu gering, so kann man durch Parallelschalten von einigen Leidener Flaschen zu der Kapazität K in Fig. 23 erzielen, daß der schwächer leuchtende Zweig der Röhre stärker leuchtet. Schaltet man die Batterie aber bei ungefähr richtig gewählter Selbstinduktionsspule den Flaschen K parallel, so leuchtet umgekehrt der eine Zweig der Röhre weniger hell. Entsprechend der Formel $T = 2\pi\sqrt{LC}$ ist wenigstens gezeigt, daß das Produkt aus Kapazität und Selbstinduktion eine Rolle spielt. Sind HoLTzsche Röhre und Selbstinduktion parallel geschaltet, so läßt sich ebenfalls der Einfluß der Kapazitätsänderung untersuchen; dabei kann eine Flaschenbatterie parallel zur Kapazität K in Fig. 23 oder auch parallel zur Selbstinduktion geschaltet und dieser Einfluß untersucht werden.

OUDINS Resonator. Besonders schön zeigt sich die Resonanz bei den Versuchen mit OUDINS Resonator. In den Schwingungskreis der Leidener Flaschen in Fig. 23 schaltet man bekanntlich eine aus nicht zu dünnem blanken Draht bestehende variable Selbstinduktion Ou, Fig. 26; für einfache Versuche eignet sich wohl eine selbstgemachte Spirale, die auf ein Batterieglas gewickelt ist, besser ist ein gekaufter Apparat. Punkt D ist geerdet, bei E wird einpolig (galvanische Koppelung) die Spule Sp_1 auf dem isolierenden Fuß M_1 aus Holz oder Speckstein angehängt; diese Spule besteht aus einer Lage von etwa 0,1 mm dünnem isolierten Draht auf einem Lampenzylinder. Bei richtiger Abstimmung durch Drehen an dem Resonator oder Verstellen eines variablen Ölkondensators sprühen bekanntlich aus dem Knopf N_1 Funkenbüschel oder eine GEISSLERsche Röhre zwischen N_1 und M_1 leuchtet hell, auch ohne direkte Verbindung[1]). Eine zweite, fast genau gleiche Spirale Sp_2 kann

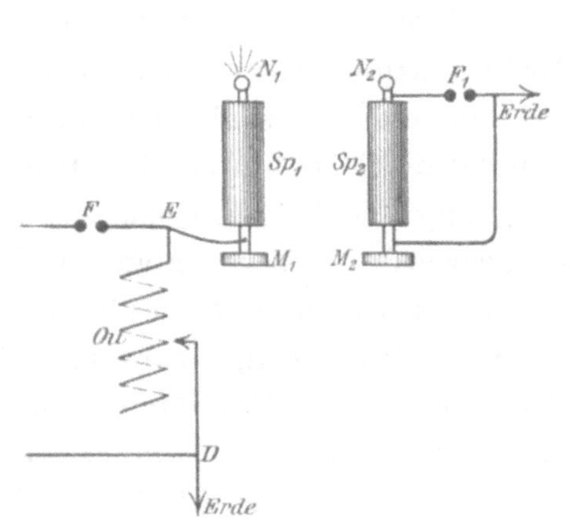

Fig. 26.

durch einen Draht zwischen M_1 und M_2 mit der ersten verbunden werden und der Einfluß dieser auf die Resonanz untersucht werden. Man kann aber auch die in Fig. 26 skizzierte Anordnung benutzen und erhält bei F_1 noch in großer Entfernung kleine Fünkchen, in nicht allzu großer Entfernung solche von mehreren cm Länge zwischen Zinkspitzen; man kann statt F_1 auch eine kleine GEISSLERsche Röhre einschalten. Ist der rechte Schwingungskreis nicht geerdet, so ist die Wirkung geringer. Man hat die Anordnung auch wohl noch durch Aufsetzen von Aluminium-Antennen auf die Knöpfe N_1 und N_2 und Einschalten eines Luftkondensators in den rechten Kreis verbessert, für Schulversuche reicht unsere Anordnung aus. Von Versuchen mit diesem Apparat erwähne ich hier zunächst nur die, welche die Resonanz zeigen. Änderung der Kapazität K oder der Selbstinduktion Ou sind unschwer ausführbar. Wird Sp_2 durch eine ähnlich aussehende, aus etwas anderem Draht gewickelte Spirale ersetzt, so ist die Wirkung bei F_1 sofort fast null. Verstimmung zwischen Sp_1 und Sp_2 läßt sich natürlich auch sonst leicht erzielen,

[1]) Man vergleiche hierzu Zeitschr. 23, 224.

durch Umwickelung eines Teiles von Sp_2 mit Stanniol; es genügt schon, einen größeren Leiter etwa auf 1 cm einer der Spulen zu nähern, um eine Kapazitätsänderung und Verstimmung zu erzielen. Weitere Versuche mit dieser Anordnung später.

4. Die Formel $T = 2\pi \sqrt{LC}$. Wie oben in dem Abschnitte über wünschenswerte Vorkenntnisse aus der Wechselstromlehre gezeigt, ist diese Formel in der Lehre von den elektrischen Schwingungen von besonderer Bedeutung. Die theoretische Ableitung der Formel wird an manchen Realanstalten auf der Oberstufe möglich sein. Wichtiger ist die experimentelle Behandlung der Formel. Einiges darüber ist schon oben angedeutet, z. B. bei der Besprechung von Lodges Resonanzversuch. Man vergleiche auch *Zeitschr.* **21**, 1908, 396 und den Aufsatz von Müller, *Zeitschr.* **19**, 152. Besonders aber ist die Behandlung der Formel nach Grimsehls Vorschlag mit Benutzung der Seibtschen Spirale beachtenswert; die Änderung von Kapazität und Selbstinduktion bewirkt Änderung der Wellenlänge; man lese darüber Grimsehls Vortrag auf dem Baseler Philologentag in den *Monatsheften f. nat. Unterr.* bei Teubner 1908, 289—299 nach. Diese Methode ist besonders schön, weil sie auch die Wellenlänge liefert, und durch $v = n\lambda$ die Fortpflanzungsgeschwindigkeit der elektrischen Wellen gegeben ist. Es ist ja durchaus notwendig, den Schülern einen Einblick in die Untersuchungen zu verschaffen, die ergeben haben, daß diese Geschwindigkeit mit der Lichtgeschwindigkeit übereinstimmt. Ein Kapitel über Geschwindigkeit der Elektrizität folgt am Schluß.

Will man nur zunächst die Formel $T = 2\pi \sqrt{LC}$ ableiten, so ist ebenso vorteilhaft wie Grimsehls Methode ein Versuch mit Papierkondensatoren und Duddel-Schaltung. L in Fig. 27 ist der Lichtbogen einer Handregulierbogenlampe AB W ist ein Vorschaltwiderstand, der nicht zu klein sein darf; der Lichtbogen ist folglich auch nur klein. Der Lampe parallel ist ein Papierkondensator größerer Kapazität und eine Selbstinduktionspule S geschaltet; dadurch wird der Lichtbogen bekanntlich zum Tönen gebracht. Als Kondensatoren sind die kleinen, für Fernsprechzwecke von Mix und Genest für 3,25 M in den Handel gebrachten Papierkondensatoren von je 2 Mikrofarad ausreichend. Die bei passender Stromstärke erzielte Tonhöhe, die durch die Kondensatorschwingungen in dem Kreise $KALBSK$ bedingt ist, hängt von

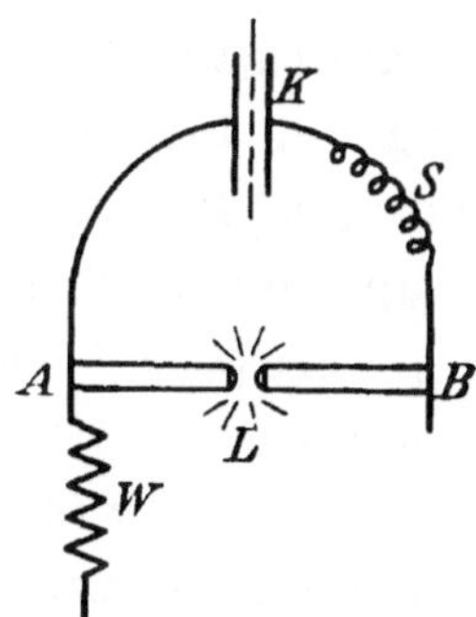

Fig. 27.

der Größe des Kondensators und der Selbstinduktion ab. Man wähle K einmal gleich 2 Mikrofarad, dann gleich 8 Mikrofarad. Ebenso kann die Selbstinduktion S geändert werden. Wird in einem Solenoide ein Eisenstab hin und her bewegt, so ändert sich die Tonhöhe. Man kann natürlich auch eine Selbstinduktion aus 4 kleinen gleichen Solenoiden in Serie nehmen und beim Versuch drei kurzschließen oder nicht. Durch die Änderung des

Tones läßt sich die Richtigkeit der Formel bis auf 2π ungefähr veranschaulichen. Da die Kapazität gegeben ist und T aus der Tonhöhe folgt, so kann
L bestimmt werden in Henries.

Werden hierbei K und S recht klein gewählt, so erhält man Hochfrequenzschwingungen, welche keine hörbaren Töne hervorbringen und für
Teslaversuche geeignet sind. Poulsens ungedämpfte Schwingungen. Man
arbeite mit 220 Volt; statt der positiven Kohle benutze man eine Kupfer-
elektrode; der Lichtbogen brenne in Wasserstoffgas oder einfacher in
Spiritusdampf zwischen den Polen eines Ektromagneten, oder eine Elektrode
werde gedreht, damit der Lichtbogen wandert. Versuche über Induktion,
Resonanz usw. in Poulsens Anordnung.

5. Zur Behandlung der Interferenz und Beugung von Ätherschwingungen. Die Interferenzerscheinungen sind ja besonders deshalb
von Wichtigkeit, weil die zwanglose Erklärung aller Erscheinungen aus der
Undulationshypothese dieser Theorie mit zum Siege über die Emanationstheorie verholfen hat. Beugung, Newtons Farbenringe, Fresnels Spiegelversuch können zur Bestimmung der Wellenlänge des Lichts dienen. Im
Unterricht empfiehlt sich hierzu der auch von Grimsehl zur Konstruktion
eines besonderen Apparates benutzte Möllersche Versuch der Beugung an
einem dünnen Draht. Für Fresnels Spiegelversuch eignet sich, worauf ein
Hinweis am Platze ist, am besten die Anordnung von Classen, *Zeitschr.* **17,**
35 (1904); es sind bei diesem Versuch allerdings zwei kleine Glasquadrate
erforderlich, die aus derselben Spiegelglasplatte geschnitten sein müssen,
und zwei solche, wirklich eben geschliffene Platten kosten nebst Stellvor-
richtung 75 M.

Eine mathematische Interferenzaufgabe. Im Anschluß an die
schon in der Wechselstromlehre behandelten Interferenzaufgaben sei hier noch
die auf Reallehranstalten im Mathematikunterrichte manchmal mögliche Behandlung der Interferenz zweier Cosinusschwingungen ungleicher Periode nach-
getragen. Es sei $y = a \cos \omega_1 x + b \cos (\omega_2 x + \varepsilon)$ und $a > b$, also $a \cos \omega_1 x$ die
Hauptschwingung; $\omega_1 = 2\pi n_1$ und $\omega_2 = 2\pi n_2$. Es ist nun $y = a \cos \omega_1 x$
$+ b \cos [\omega_1 x - \omega_1 x + \omega_2 x + \varepsilon] = a \cos \omega_1 x + b \cos [\omega_1 x - (\omega_1 - \omega_2) x + \varepsilon]$
$= a \cos \omega_1 x + b \cos (\omega_1 x - \delta)$, wenn $\delta = (\omega_1 - \omega_2) x - \varepsilon$ ist. Man setze nun
in $y = \cos \omega_1 x (a + b \cos \delta) + b \sin \omega_1 x \sin \delta$ ähnlich wie früher [ein $\rho \cos \varphi$
$= a + b \cos \delta$ und $\rho \sin \varphi = b \sin \delta$, so wird

$$\operatorname{tang} \varphi = \frac{b \sin \delta}{a + b \cos \delta} = \frac{b \sin [(\omega_1 - \omega_2) x - \varepsilon]}{a + b \cos [(\omega_1 - \omega_2) x - \varepsilon]} \quad \text{und}$$

$$\rho = \sqrt{(a + b \cos \delta)^2 + b^2 \sin^2 \delta} = \sqrt{a^2 + b^2 + 2ab \cos \delta}$$

$$= \sqrt{a^2 + b^2 + 2ab \cos [(\omega_1 - \omega_2) x - \varepsilon]};$$

also schließlich $y = \rho \cos (\omega_1 x - \varphi)$, aber keine einfache harmonische Schwingung. Es sei z. B. $\varepsilon = 0$ und $n_1 - n_2 = 1$, d. h. $\omega_1 - \omega_2 = 2\pi$; es wird
$\rho = \sqrt{a^2 + b^2 + 2ab \cos 2\pi x}$. Da x die Zeit darstellt, wird die Amplitude ρ

in 1 sec einmal $a + b$ und einmal $a - b$; Fall der Schwebungen in der Akustik. Ist $n_1 - n_2 = 1$, so findet in 1 sec eine Schwebung statt; ist $n_1 - n_2 = 2$, so ähnlich 2 Schwebungen in 1 sec u. s. w.

Interferenz elektrischer Sehwingungen. Bei Besprechung optischer Interferenzerscheinungen wird man naturgemäß auf die Interferenz von Wasserwellen und Schallwellen hinweisen. Alleinige Bezugnahme darauf scheint mir aber nicht ausreichend zu sein. Ich glaube, man wird heute auf der Oberstufe kaum umhin können, die eine oder andere Tatsache áus der Interferenz elektrischer Wechselströme zum Vergleich heranzuziehen.

PERRY schreibt in seiner böheren Analysis, 1902, S. 223 (Übersetzung): „Einen analogen elektrischen Vorgang (Schwebungen!) benutzen wir, um den Synchronismus von zwei Wechselstrommaschinen festzustellen. Eine Glühlampe wird an beide Maschinen angeschlossen und zeigt bei der Annäherung an den Synchronismus durch periodisches Aufleuchten und Erlöschen die Interferenz der beiden Spannungskurven an.“ Dieses Beispiel kann im Unterricht Benutzung finden; es ist auch ohne obige Rechnung verständlich, wird sich aber leider an unseren höheren Schulen kaum irgendwo experimentell vorführen lassen, während der in Fig. 13 skizzierte Interferenzversuch mit Strömen gleicher Amplitude und 90^0 Phasendifferenz ohne größeren Aufwand von Mitteln mit selbstgefertigtem Apparate ausführbar ist.

Als Ersatz für den erwähnten PERRYschen Versuch, die Interferenz der von zwei Wechselstrommaschinen gelieferten Ströme durch Flackern einer Glühlampe zu zeigen, habe ich versucht, Interferenzversuche mit zwei elektrischen Glocken anzustellen, die allerdings nicht Wechselstrom, sondern nur zerhackten Gleichstrom liefern. Man versuche zwei Selbstunterbrecher in Serie zu schalten. Bei dem HERTZschen Versuch der Einwirkung der Funken zweier Induktionsapparate aufeinander, um die ultraviolette Strahlung zu zeigen, muß der eine Unterbrecher kurz geschlossen sein. Man kann aber einer von zwei

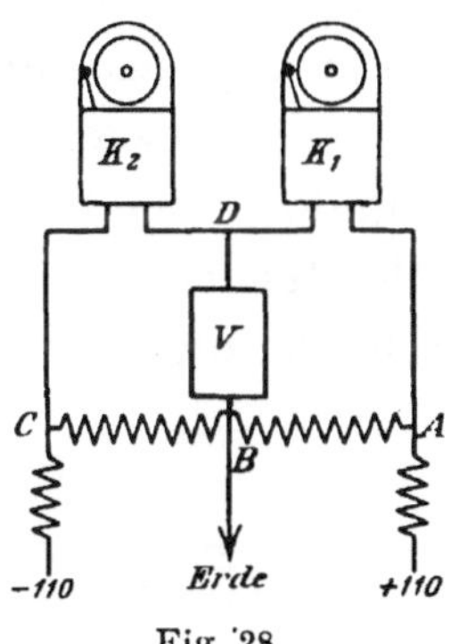
Fig. 28.

Glocken, die in Serie geschaltet sind, ein kleines Voltmeter, Weicheiseninstrument, parallel schalten und nun die Interferenz sowohl an dem Pendeln der Nadel wie an dem Geräusch der Rasselwerke verfolgen. — Man kann ferner die Rasselwerke K_1 und K_2 mit Vorschalt- und Parallelschaltwiderständen so in beide Zweige eines Dreileitersystems einfügen, wie Fig. 28 zeigt. In den bei B geerdeten Zweig BD ist das Voltmeter V eingeschaltet. Da dies einigen Widerstand hat, so beeinflussen sich beide Klingeln, wenn die Vorschaltwiderstände in beiden Zweigen passend reguliert werden. Statt der linken Hälfte der Fig. 28 kann man den von einem kleinen Wechselstromerreger erzeugten Strom durch einen Vorschaltwiderstand nach B und D leiten und die Interferenzen an K_1 und V beobachten.

Zwei Wechselströme von 180⁰ Phasendifferenz können sich in ihrer Wirkung nach außen aufheben oder bei ungleicher Amplitude wenigstens schwächen. Man stelle die Interferenz der Wechselströme $y_1 = \sin x$ und $y_2 = {}^3/_4 \sin (x + \pi)$ graphisch dar. Sp_1 in Fig. 29 ist eine Teslaprimärspule als Sender elektrischer Schwingungen, Sp_2 der in Abschnitt I C oben beschriebene Empfänger aus einer Lage dünnen Drahts auf einem Glaszylinder

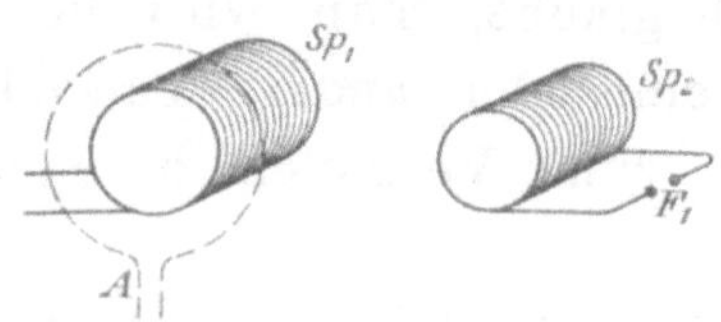

Fig. 29.

F_1 ist eine kleine Funkenstrecke, statt der auch eine Geisslersche Röhre eingeschaltet sein kann. Die Spulen befinden sich nebeneinander, so daß ihre Achsen parallel sind. Um Sp_1 ist lose ein etwa 1 cm breiter, punktiert gezeichneter Bleiblechstreifen gelegt; wird dieser durch Berührung bei A kurzgeschlossen, so hört das Funkenüberspringen bei F_1 auf. Daß die Ströme in Sp_1 und Ring A um 180⁰ gegeneinander verschoben sind, folgt experimentell daraus, daß ein Ring durch Wechselstrom beständig abgestoßen wird, und rechnerisch aus $\tan \varphi = \omega L/w$, worin ω sehr groß und $w = 0$ ist; die Phasendifferenz zwischen Spannung und Strom im Ring A ist $\varphi = 90^0$, während die Spanung in A gegen den Strom in Sp_1 auch noch um 90_0 nachhinkt, da sie induziert ist (Fig. 17, I u. IV); also insgesamt 180" Phasenunterschied. Möglichkeit der Erklärung des dunklen Flecks in der Mitte von Newtons Farbenringen durch Annahme um 180⁰ in der Phase verschiedener im Glase induzierter Schwingungen.

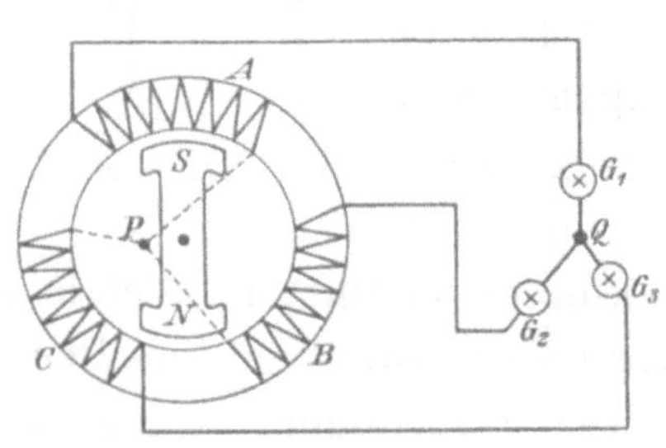

Fig. 30.

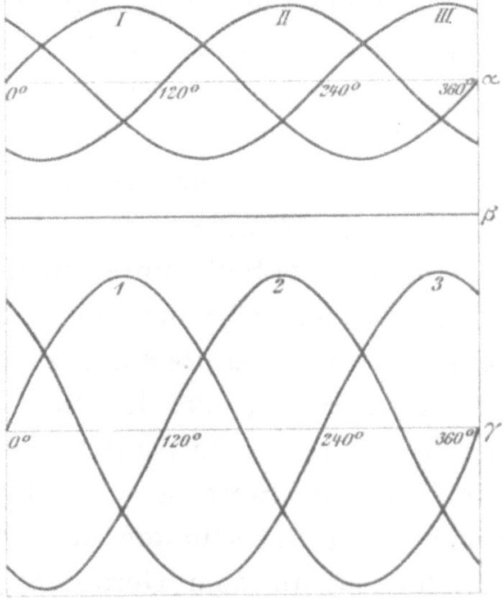

Fig. 31.

Wohl das bekannteste Beispiel der Interferenz von Wechselströmen ist das der Verkettung der einzelnen Ströme bei Drehstrom- (Dreiphasenwechselstrom-) Anlagen, um statt mit 6 mit nur 3 Leitungen auszukommen; man vergleiche Börner, *Lehrbuch der Physik*, IV. Aufl. 1905, Seite 453 und 454. Fig. 30 zeigt schematisch links den Drehstromerreger, rechts 3 Glühlampen in Sternschaltung. Fig. 31 a zeigt die drei Stromkurven für den Fall, daß jeder Wechselstrom eigene Rückleitung hat. Nun fließt aber Strom I durch die Hinleitungen von II und III zurück usw. Fig 31 β zeigt zunächst die Summe der drei Schwingungen und zeigt, daß in Q (Fig. 30) stets das Potential Null vorhanden ist, wenn alle Zweige gleich belastet sind. Es ist Leitung $A\,G_1\,Q$ in Fig. 30 Hinleitung von Strom I und Rückleitung von II + III; um daher eine Vorstellung von den in den einzelnen Leitungen fließenden Strömen zu erhalten, sind in Fig. 31 γ die Interferenzkurven $1 \equiv \mathrm{I} - (\mathrm{II} + \mathrm{III})$ und $2 \equiv \mathrm{II} - (\mathrm{III} + \mathrm{I})$ und $3 \equiv \mathrm{III} - (\mathrm{I} + \mathrm{II})$ gezeichnet. Die Phasenunterschiede werden durch die Verkettung also nicht beeinträchtigt. Im Anschluß hieran können auch als graphische Übung die Kurven $1a \equiv \mathrm{I} - \frac{1}{2}\,(\mathrm{II} + \mathrm{III})$; $2\,a \equiv \mathrm{II} - \frac{1}{2}\,(\mathrm{III} + \mathrm{I})$ und $3\,a \equiv \mathrm{III} - \frac{1}{2}\,(\mathrm{I} + \mathrm{II})$ gezeichnet werden, die ebenfalls keine Phasenverschiebung ergeben.

Auch die bekannte Verschiebung der Bürsten beim GRAMMEschen Ring ist infolge einer Interferenzerscheinung nötig. Die Feldmagnete induzieren im Ring Ströme, die für sich allein eine gewisse Stellung der Bürsten nötig machen würden. Der Ring ist selber aber auch ein Magnet, der ein Feld erzeugt, das induzierend wirkt. Beide Induktionswirkungen lagern sich übereinander, also ist die Verschiebung in der Drehrichtung erforderlich.

Ich will ferner auf die bekannte Tatsache hinweisen, daß eine von Wechselstrom durchflossene Spule in einer zu ihr senkrecht stehenden keinen Strom induziert, auch eine Interferenzerscheinung, die unten benutzt werden soll. Der Versuch wird gewöhnlich mit Hochfrequenzschwingungen ausgeführt, läßt sich aber auch mit gewöhnlichem Wechselstrom anstellen. Man läßt in der Regel die Teslaprimärspule auf eine zweite geeignete Spule wirken. Man versäume hierbei nicht zu zeigen, daß bei einer Neigung von 45^0 noch eine erhebliche Induktionswirkung erfolgt.

Die eine oder andere elektrische Interferenzerscheinung wird im Unterricht behandelt sein und kann daher in der Optik zum Vergleich herangezogen werden.

6. Interferenz und Beugung elektrischer Wellen. Mit Wärmestrahlen und ultravioletten Strahlen werden Interferenz und Beugung in der Regel nicht vorgeführt. Bei elektrischen Wellen sind es leicht demonstrierbare Erscheinungen. Infolge der großen Wellenlänge ist die Beugung recht er heblich und erinnert an die entsprechenden akustischen Erscheinungen; sie wird gewöhnlich bei Versuchen mit dem Kohärer gezeigt; es kann eine Blechplatte zwischen Sender und Empfänger gehalten werden, ohne daß die Wirkung beeinträchtigt wird. Auch bei anderen Versuchsanordnungen ist die Beugung leicht zu beobachten.

Von Interferenzversuchen ist zunächst der klassische Versuch von H. HERTZ zu erwähnen, bei dem durch senkrechte Reflexion der Wellen an einer entfernten großen Metallwand stehende elektromagnetische Wellen im freien Raum erregt und mit dem Resonator Knoten und Bäuche, d. h. Maxima und Minima des Ansprechens, festgestellt werden konnten. Die neueren

Methoden, z. B. von Klemencic zur Wiederholung dieses Versuchs mit kleineren Wellen kommen für die Schule wohl kaum in Frage. — Ebenso konnte Hertz schon stehende elektrische Wellen an Drähten nachweisen. Derartige Interferenzversuche ergeben, wie in der Optik ja auch, die Wellenlänge.

Heute benutzt man zu letzteren Versuchen meist das Lechersche Drahtsystem; die Abänderungen von Drude und Blondlot kommen für höhere Schulen wohl nur ausnahmsweise in Betracht[1]). An dem Sender Fig. 6 sind die langen, dünnen, parallelen Drähte AB und CD (Fig. 32) befestigt; wird auf diesen der Draht EF entlang geschoben, so leuchtet die Geisslersche Röhre G an gewissen Stellen trotz der Brücke, an anderen nicht.

Werden die beiden parallelen Drähte ganz oder teilweise in eine große Wanne mit Wasser gelegt, so werden die Stellen, an denen die Röhre G aufleuchtet, anderswo auftreten. In der Optik zeigt man eine ähnliche Erscheinung bei der Beugung, indem man einen großen viereckigen Glaskasten zwischen Spalt und Schirm bringt und diesen zur Hälfte mit Wasser füllt;

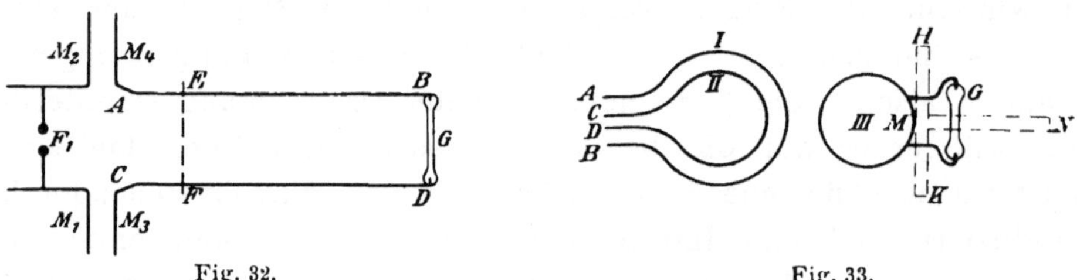

Fig. 32.Fig. 33.

aus der verschiedenen Breite der Streifen kann man einen Schluß auf die verschiedene Wellenlänge in Luft und Wasser und also auch auf die verschiedene Geschwindigkeit ziehen. Ähnlich ergibt sich hier durch Einbetten der Drähte in andern Isolatoren als Luft aus der kürzeren Wellenlänge der Brechungsexponent für elektrische Wellen.

Bei einem Interferenzversuch, der öfters beschrieben und sogar für Schülerübungen empfohlen ist, wird als Sender ein Induktor mit Öl-Funkenstrecke in einem ringsum verschlossenen Blechkasten mit Röhrenansatz zum Austritt der Wellen benutzt; daran soll ein einseitig ausziehbares Interferenzrohr ähnlich dem in der Akustik üblichen gesetzt werden; als Empfänger dient ein Kohärer. Selbst ausprobiert habe ich eine derartige Anordnung nicht.

Am schönsten zeigt man die Interferenz elektrischer Schwingungen und die Erzeugung stehender Wellen mit der Seibtschen Spirale, die durch Parallelschalten einer langen Geisslerschen Röhre verbessert ist. Dieser Apparat sollte an allen größeren Schulen vorhanden sein.

7. Zusammensetzung der Induktionswirkung verschieden gerichteter Schwingungen. Ein Interferenzversuch, der mir für den Unterricht brauchbar erscheint und zur Besprechung mancher Polarisationserscheinungen überleitet, ist folgender. In Fig. 33 soll AIB die oben be-

---

[1]) Man vergleiche aber Strobel, Zeitschr. 23, 83 (1910).

schriebene Teslaprimärspule darstellen, ein großes Batterieglas, um welches mehrere Windungen aus Bleiblechstreifen gelegt sind, III ist die oben erwähnte Empfängerspule aus dünnem Drahte, die auf dem Holzteller HK befestigt und um den Stiel MN drehbar ist, G ist eine Leuchtröhre. Die Windungen von I und III liegen parallel in einiger Entfernung neben einander. In die weite Spule I kann eine zweite ähnliche Spule auf kleinerem Batterieglase oder eine Primärspule nach ELSTER und GEITEL hineingeschoben werden. Je nachdem B mit C oder D verbunden wird, verstärken oder schwächen sich die von I und II ausgehenden Wirkungen, wie die Unterschiede in dem Leuchten von G beweisen. Induktionsfreie Wickelung! Wird bei günstiger Schaltung von I und II oder bei Benutzung von I allein der Empfänger A um die Achse MN gedreht, so hat man eine bei der Besprechung der Polarisation benutzbare Anordnung; bei einer Drehung um 90^0 wird G dunkel, bei 180^0 wieder hell, bei 270^0 dunkel usw.

Werden die primären Teslaschwingungen nur durch die innere Spirale CHD geschickt, so wird durch die parallele Spirale I ein erheblicher Teil der Induktionswirkung auf Solenoid III absorbiert, wenn man A mit B durch einen die Spule kurzschließenden Draht verbindet. Der in I induzierte Strom hat also wie aus obigen Versuchen folgt, annähernd 180^0 Phasendifferenz gegen den primären Strom.

Wird die primäre Teslaschwingung durch zwei ineinander steckende Spiralen AB und CD in Fig. 34 α, deren Windungsebenen auf einander senkrecht stehen, geschickt, so setzt sich die nach rechts ausgestrahlte induktive Fernwirkung gewissermaßen nach dem Kräfteparallelogramm (Fig. 34, β) zu einer Resultierenden zusammen. In das die Wickelung AB außen tragende größere Batterieglas ist ein rechteckiges flaches Akkumulatorenglas gestellt, das die wenigen

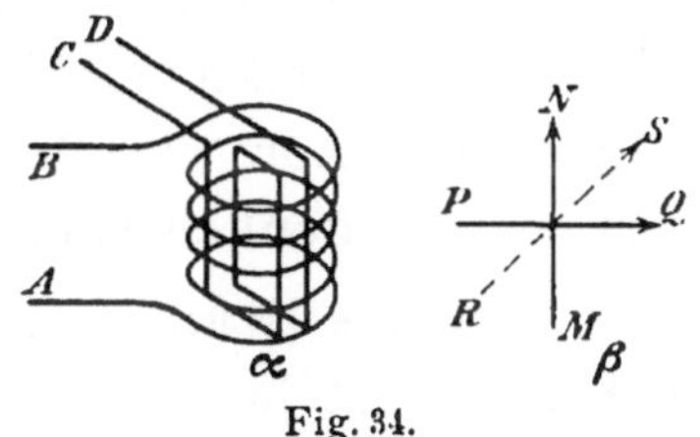

Fig. 34.

Windungen CD, die zu denen von AB senkrecht stehen, enthält. Wird der Empfänger III aus Fig. 33 zur Untersuchung der vom Sender Fig. 34 a nach rechts ausgehenden Strahlung benutzt, so findet man bei einer Drehung des Empfängers um die Achse MN, daß bei einer Drehung um 45^0 und 135^0 G am stärksten und schwächsten leuchtet; benutzt man als Sender allein das Solenoid AB, so leuchtet die Röhre bei 0^0 und 90^0 am stärksten und schwächsten, benutzt man CD allein, so umgekehrt bei 90^0 und 0^0. Beim Interferenzversuch können AB und CD in Serie oder parallel geschaltet sein. Vertauscht man bei Serienschaltung die Verbindung BC mit BD, so wird das Maximum des Leuchtens von G um 90^0 verschoben.

Der Sender Fig. 34 a wird im folgenden auch noch zu Polarisationsversuchen benutzt werden.

8 **Polarisation.** Gelegentlich der Besprechung der Drehung der Polarisationsebene wird man die Tatsache erwähnen müssen, die den ersten

Anstoß zur elektromagnetischen Lichttheorie gegeben hat, die Entdeckung Faradays, daß die Polarisationsebene eines Lichtstrahls in einem Stück Faradayschen schweren Glases zwischen den Polen eines starken Elektromagneten gedreht wird; die Magnete müssen zu diesem Zwecke der Länge nach durchbohrt sein, damit der Strahl hindurchgeschickt werden kann. Der Versuch wird allerdings an höheren Schulen meist nicht experimentell vorgeführt werden können.

Wichtiger noch als diese Tatsache sind die Versuche über Polarisation elektrischer Wellen. Ich bin der Ansicht, daß diese Versuche unbedingt zum Verständnis der Polarisation des Lichts notwendig sind und vor den optischen Polarisationserscheinungen behandelt werden müssen. Hertzsche Spiegel mit abgeändertem Sender und Empfänger werden heute meist benutzt. Stehen beide senkrecht zu einander wie gekreuzte Nicols, so spricht der Empfänger nicht an. Weiter werden bei parallelen Spiegeln Drahtgitterversuche gemacht, die zeigen, daß die Wellen nur dann durch das Gitter gehen, wenn die Drähte des Gitters nicht parallel dem Sender oder Empfänger verlaufen, sondern dazu senkrecht stehen. Bei senkrecht zu einander stehenden Hertzschen Spiegeln wird durch ein Drahtgitter zwischen beiden ein Ansprechen des Empfängers trotz der gekreuzten Stellung erzielt, wenn die Gitterdrähte unter 45° Neigung zu jeder Achse verlaufen, ganz wie bei gekreuzten Nicols durch eine Kristallplatte zwischen beiden eine Aufhellung des Gesichtsfeldes eintreten kann. Sind in Schulen mit bescheidenem Lehrmitteletat diese Versuche nicht ausführbar, so kann man wenigstens aus Blech kleine Modelle solcher Spiegel formen, auf einem kleinen Rahmen aus Holz ein Drahtgitter anfertigen und damit andeuten, wie die Versuche zu denken sind; auch das hat einigen Nutzen.

Ohne die Hertzschen Spiegel kann man diese Polarisationserscheinungen auch ganz gut in folgender Weise zeigen. Sp_1 in Fig. 35 ist die Teslaprimärspule nach Elster und Geitel, die aus 9 Windungen dicken Drahtes besteht, der mit Gummi isoliert ist; sie ist wie im letzten Abschnitt (Fig. 29 und 33) so aufgestellt, daß ihre Achse parallel der einer etwa gleich hohen bzw. breiten Spirale Sp_2 aus vielen in einer Lage befindlichen Windungen recht dünnen Drahtes liegt. Am besten wäre es, wenn beide Spiralen rechteckig wären, da die linearen Leiter $A\,B$ in Sp_1 auf die zugewandten parallelen Teile $C\,D$ von Sp_2 wirken sollen; es genügen aber auch runde Spiralen. F_1 ist eine kleine Funkenstrecke zwischen Zinkspitzen oder, wie Grimsehl bei anderer Gelegenheit vorgeschlagen hat, zwischen den bekannten Tesla-Kreisringen für Strahlungsversuche oder aber eine Geisslersche Röhre Sind Sender und Empfänger nicht allzuweit entfernt, so beobachtet man bei F_1 die Wirkung der von $A\,B$ auf $C\,D$ in Fig. 35 ausgeübten Induktion, die

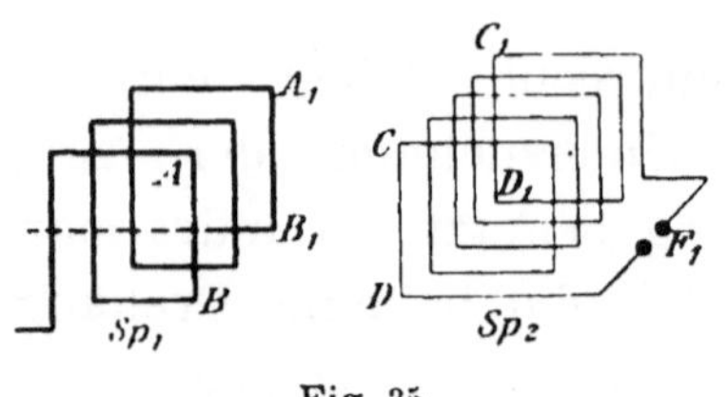

Fig. 35.

durch linear polarisierte elektrische Schwingungen ausgeübt wird. Wenn wir eine Spirale, etwa Sp_2, um 90° drehen, so daß die Achsen beider Spulen sich kreuzen, und die Windungsebenen senkrecht zu einander stehen, so hört die Wirkung (Funkenüberspringen oder Leuchten der Röhre) auf, wie schon im letzten Abschnitt über Interferenz (Fig. 33) gezeigt wurde.

Die Stellung, bei der die Achsen beider Spulen sich schneiden, während auch die Windungsebenen senkrecht zu einander stehen, ist weniger empfehlenswert. Der Versuch entspricht dem Nichtansprechen des Empfängers bei gekreuzten HERTzschen Spiegeln und in der Optik dem Versuch mit gekreuzten Nicols. Auch bei dem HERTzschen und ähnlichen Sendern werden beide Antennen von Schwingungen durchflossen, die nicht erst durch Spiegelung, sondern an sich schon teilweise polarisiert sind; die Schwingungen in beiden Antennen verstärken sich (das Strömen von + El. nach rechts und das von — El. nach links gibt denselben Strom) und können wohl mit den in $A\,B$, Fig. 35, verlaufenden Schwingungen in ihrer Wirkung nach außen verglichen werden.

Nicht linear polarisierte Schwingungen. Natürliches Licht. Von elektrischen Schwingungen, welche nicht linear polarisiert sind, mögen zunächst die zirkularen Schwingungen erwähnt werden, die jede von Teslaprimärströmen durchflossene Spule liefert; die in der Verlängerung der Achse ausgestrahlte Wirkung ist anders als die dazu senkrechte und soll später besprochen werden.

Bei dem Versuch, Schwingungen zu erhalten, die nicht eine Richtung bevorzugen, sondern nach allen Richtungen Ausstrahlungen liefern, ist es naheliegend, Sender aus gummiisoliertem Draht herzustellen, die sternförmige oder knäuelförmige Anordnung (Fig. 36 a, b) zeigen, die ohne große Mühe herzustellen sind und von Teslaströmen durchflossen werden; der Induktor könnte außerdem noch mit Wechselstrom betrieben werden.

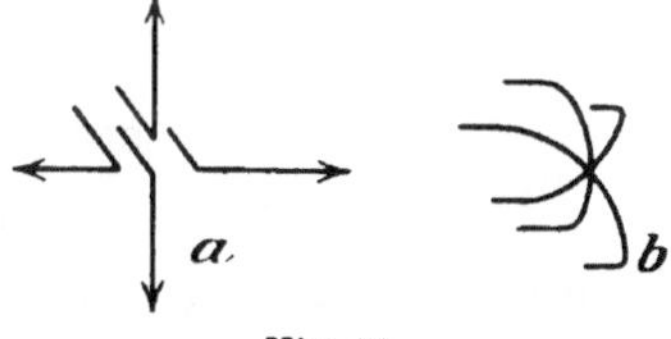

Fig. 36.

Trotzdem gleichen die Ausstrahlungen nicht dem natürlichen Licht, da die Schwingungen in verschiedenen linearen Richtungen nicht nacheinander, sondern gleichzeitig erfolgen.

Macht man Sp_1 in Fig. 35 drehbar, rotierend oder auch nur um etwa 120° oszillierend, so erreicht man den gewünschten Zweck. Es genügt auch bei Benutzung des in Fig. 34 a dargestellten Senders, der wenigstens in zwei Richtungen verlaufende Strahlungen erzeugt, durch einen geeigneten Umschalter, dessen isolierender Griff schnell mit der Hand bewegt wird, bald Spule I, bald die dazu senkrechte II wirken zu lassen, um Strahlungen ähnlich dem gewöhnlichen Licht zu erhalten. Der Empfänger Fig. 33, III, gewissermaßen ein elektrischer Analysator-Nicol, ist nur langsam um die Achse $M\,N$ zu drehen, spricht aber in allen Stellungen an, wenn auch noch nicht ganz gleichmäßig, wie bei nur 2 Senderichtungen nicht anders zu erwarten.

Ist die Funkenstrecke in dem Teslaprimärschwingungskreise nicht allzu klein, so ähneln die von unserm Doppelsender ausgehenden Strahlungen dem gewöhnlichen Licht wohl auch insofern, als Wellen verschiedener Länge ausgestrahlt werden. Zuweilen genügt übrigens der Sender Fig. 34 a selbst, ohne Umschalter.

9. Versuche mit Drahtgittern. In der Lehre von den elektrischen Schwingungen haben Gitterversuche, wie schon oben erwähnt, eine gewisse Bedeutung erlangt. Ein großer Holzrahmen mit vielen parallelen dicken Drahtstücken, die in einer Ebene liegen, wird zusammen mit den HERTZschen Spiegeln hierbei benutzt. Dieselben Erscheinungen kann man auch, vergl. *Zeitschr.* **21**, 370 (1908), mit ineinander stehenden Spiralen zeigen. Dabei absorbiert, wenn die Sendespule Sp_1 die äußere und der Empfänger Sp_2 die innere Spirale ist, eine dritte mittlere fast |alles, wenn sie kurzgeschlossen ist, und die Windungen aller drei Solenoide parallel sind. Ein Drahtmantel zwischen Sp_1 und Sp_2, dessen Drähte senkrecht zu den Windungsebenen der Spulen stehen, läßt fast alles hindurch. Selbst der 45°-Versuch bei gekreuztem Sender und Empfänger läßt sich mit drei Spiralen ausführen, wenn auch unvollkommen.

Die Bedeutung derartiger Versuche, die gewisse optische Polarisations erscheinungen verständlich machen sollen, ist ja einleuchtend. Durch RUBENS

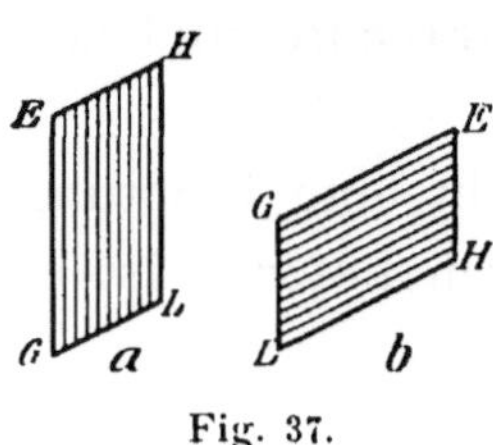

Fig. 37.

und DUBOIS haben sie noch größere Bedeutung erlangt. Es gelang diesen Forschern, mit sehr feinen Metallgittern ähnliche Erscheinungen auch bei langwelligen Wärmestrahlen nachzuweisen.

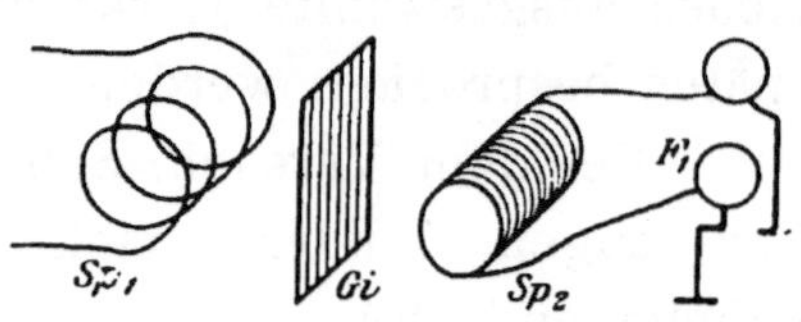

Fig. 38.

Die elektrischen Gitterversuche kann man mit folgenden einfachen Mitteln zeigen, die für den Unterricht durchaus empfohlen werden können. Als Sender und Empfänger, elektrische Nicols, dienen bei Benutzung des Teslaschwingungskreises die Spulen I und III in Fig. 33 oder Sp_1 und Sp_2 in Fig. 29 u. 38—40.

Das Gitter. Aus einer Schiefertafel $(21 \times 30$ cm$)$ habe ich den Schiefer entfernt und auf den Schmalseiten des Holzrahmens EH und GL je 24 kleine Nägel eingeschlagen und aus 0,5 mm dickem blanken Nickelindraht ein Gitter von insgesamt 47 ungefähr parallelen Drähten hergestellt; außerdem wurde an den Schmalseiten EH und GL ein Draht um die Nägel gewunden, damit induzierte Ströme sich besser ausgleichen können. Der ganze Apparat ist also verhältnismäßig klein und handlich. Es ist übrigens wichtig, daß die Drähte möglichst in einer Ebene liegen, nicht etwa in zwei um einige cm entfernten Ebenen.

Wird das Gitter in der Stellung Fig. 37a zwischen die Spulen Sp_1 und Sp_2 gehalten, die wie in Fig. 35 u. 38 in nicht allzu großer Entfernung mit den Achsen zu einander parallel stehen, so absorbieren die Drähte des Gitters einen erheblichen Teil der von den ungefähr gleich gerichteten Drähten der zugewandten Seite von Sp_1 ausgehenden Strahlung. Dreht man das Gitter in seiner Ebene um 90⁰ (Fig. 37b), so wird fast nichts absorbiert; das Gitter muß hierbei so vor die kleine Spule Sp_1 gehalten werden, daß eine Absorption durch die Enddrähte GL oder EH nicht in Betracht kommt. Die Funkenstrecke F_1 in dem Empfänger-Schwingungskreis ist hierbei am besten eine solche zwischen den bekannten Kreisringen für Teslastrahlungen. Für die Erklärung der Erscheinungen ist natürlich zu beachten, daß in dem Gitter bei paralleler Stellung auch Ströme induziert werden, die fast 180⁰ Phasendifferenz mit den Schwingungen der zugewandten Seite der Sendespule haben.

Zirkulare Schwingungen. Befinden sich Sende- und Empfängerspule Sp_1 und Sp_2 Fig. 39 vor einander, so daß ihre Achsen in derselben Geraden liegen, und ihre Windungsebenen parallel sind, so wirken nicht lineare Schwingungen, sondern zirkulare induzierend. Wird das Drahtgitter

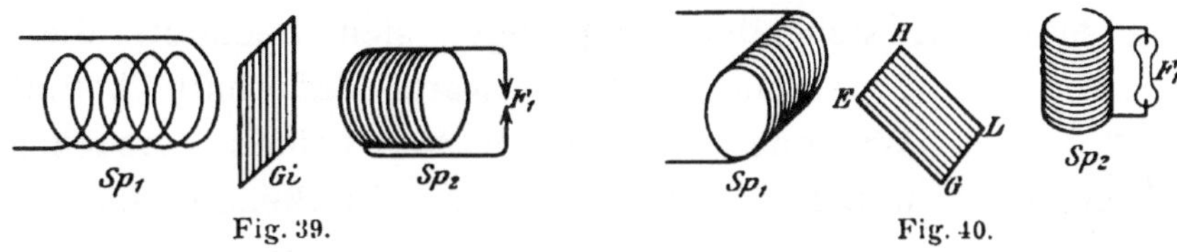

Fig. 39.   Fig. 40.

Gi, dessen Ebene den Windungsebenen der Solenoide parallel ist, zwischen beide Spulen gehalten, so wird die Wirkung nur wenig schwächer, wenn das Gitter groß genug ist und sich mitten vor Sp_1 befindet. Dreht man das Gitter in seiner eigenen Ebene um 90⁰, so ändert sich natürlich nichts, ebenso wie es gleichgültig ist, ob Sp_2 etwa um seine eigne Achse gedreht wird. Auch zirkular polarisiertes Licht ist bei Untersuchungen mit einem Analysator lange mit natürlichem Licht verwechselt worden.

Allerdings kann durch das Gitter eine Komponente aus der zirkularen Schwingung herausgenommen werden, und ein zweites Gitter zwischen Gi und Sp_2 wird eine teilweise lineare Polarisation anzeigen, eine Drehung desselben ist von Bedeutung. Stehen die Drähte beider Gitter senkrecht zu einander, so ist die Absorption größer, als wenn die Gitter parallel sind. Der Versuch ist aber meist nicht so in die Augen fallend wie der Gitterversuch Fig. 38.

Schräges Gitter zwischen gekreuzten Solenoiden. Wird die Spule Sp_2 in Fig. 40 um 90⁰ gedreht, so daß ihre Achse sich mit der von Sp_1 kreuzt (nicht schneidet), so wird die Funkenstrecke F_1 zwischen Zinkspitzen nicht ansprechen, auch wenn Sender und Empfänger sehr genähert werden. Man erhält aber wieder kleine Fünkchen, wenn ein um 45⁰ geneigtes Gitter zwischen die sich kreuzenden Spulen gebracht wird. In den schräg zu den Drähten der Vorderseite von Sp_1 liegenden Drähten des Gitters wird wenig stens durch eine Komponente Induktion bewirkt, diese Induktionsströme wirken nun, freilich wieder nur mit einer Komponente, auf die Windungen von Sp_2. Der Versuch kann zu der Aufhellung des Gesichtsfeldes durch ein Kristallblättchen bei gekreuzten Nicols in Parallele gesetzt werden. Leider gibt der Versuch nicht allzu viel her und ist wohl nur für kleine Klassen zu empfehlen; es ist ein Nachteil, daß die Schüler im halbverdunkeltem Zimmer dabei aus der Bank heraustreten müssen, um einzeln sich die Erscheinungen anzusehen. Etwas besser ist es, wenn man statt der Funkenstrecke F_1 eine leicht ansprechende kleine Geisslersche Röhre benutzt; auch die Spirale Sp_2 muß passend gewählt sein. Man drehe dann die Empfängerspule um nicht ganz 90°, so daß die Röhre ganz schwach leuchtet; durch das um 45° geneigte Gitter, dessen Ebene parallel den zugewandten Drähten von Sp_1 ist oder auch etwas schräg steht, wird ein Aufleuchten der Röhre erzielt. Es kann leicht eintreten, daß die Erscheinung nur in der einen 45°-Stellung, nicht auch in der senkrecht dazu liegenden zu beobachten ist.

Statt des Gitters kann auch ein rechteckiger Blechring unter 45° Neigung benutzt werden, so daß eine Seite etwa in der Mitte zwischen Sender und senkrecht stehendem Empfänger sich befindet; die parallele Seite muß sich seitwärts außerhalb befinden. Die Wirkung ist in den letzten beiden Versuchen bei Benutzung einer kleinen Funkenstrecke meist nicht erheblich und zur Vorführung nicht hervorragend geeignet. Die Versuche sind aber wichtig. Die Ursache der geringfügigen Wirkung kann zunächst

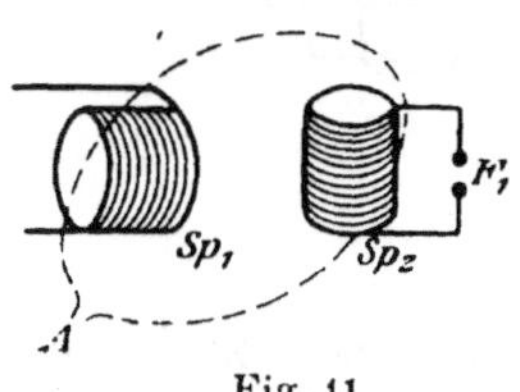

Fig. 11

in der mangelnden Resonanz von Sender und Empfänger zu suchen sein; sodann ist zu berücksichtigen, daß eigentlich nur kleine Stücke beider Spiralen in ihrer Wirkung auf einander in Betracht kommen, ganz abgesehen von dem zweimaligen Verlust durch Induktion unter je 45° Neigung. Legt man beide Spiralen vor einander (Fig. 41), die Windungen der einen auch wieder senkrecht zu denen der andern, die Achsen der Spulen sich nicht kreuzend, sondern in der Verlängerung schneidend, so erzielt man eine ziemlich erhebliche Wirkung, wenn der in Fig. 41 punktiert gezeichnete Bleiblechring unter 45° schräg um beide Spulen geschlungen wird; bei A sind die freien Enden des Bleistreifens zusammenzudrücken. Im Prinzip ist das dieselbe Erscheinung wie die beim Gitterversuch mit 45° Neigung; die Wirkung ist aber viel erheblicher. Allerdings liegt der Blechring nicht zwischen den gekreuzten Spulen; also ist der Vergleich mit der Aufhellung des Gesichtsfeldes bei gekreuzten Nicols durch eine dazwischengebrachte Kristallplatte nicht gut möglich.

Schließlich fand ich, daß man den gewünschten Zweck wohl am besten durch etwas exzentrisches Dazwischenhalten eines Blechringes R zwischen die gekreuzten Spulen erzielt. Der Ring kann von dem Durchmesser der Spule Sp_1 oder etwas größer sein und wird parallel zu den Windungsebenen von Sp_1, oder etwas geneigt, so zwischen beide Spulen gehalten, daß er 1 : 2 oder 2 : 3 der Vorderfläche von Sp_1 (Fig. 42, a und b) bedeckt und zum Teil noch außerhalb sich befindet. Es treten bei F_1 kleine Funken auf, die nicht ganz so lang sind wie beim letzten Versuche, aber zur Vorführung im einzelnen im teilweise verdunkelten Zimmer noch geeignet sind; besser noch ist an Stelle von F_1 das Hellerwerden einer GEISSLERschen Röhre zu beobachten. Der Abstand zwischen Sp_1 und Sp_2 sei möglichst gering. Nicht in allen Lagen ist der exzentrische Ring gleich wirksam; man probiere, ob er oben, unten oder seitwärts am günstigsten wirkt.

10. Ein Interferenz- und Polarisationsversuch. a) Der zuletzt beschriebene Versuch wird aus dem Folgenden klar werden. Sind die

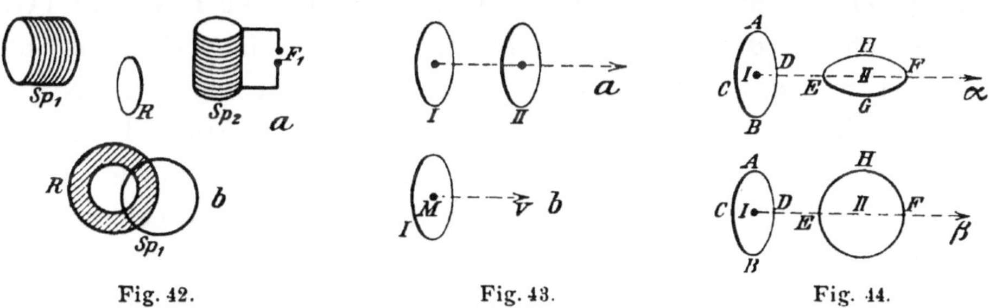

Fig. 42.   Fig. 43.   Fig. 44.

Windungsebenen zweier Spulen I und II in Fig. 43, deren Achsen in einer Geraden liegen, einander parallel, so ist die Induktionswirkung besonders kräftig. Die Mittelsenkrechte auf dem Ringe I stelle als Vektor MV die von I ausgehende Strahlung dar. Steht dieser Vektor senkrecht oder schräg zu einem zweiten Ringe, so tritt Induktion ein, nicht aber, wenn er an der Ringebene streifend vorbeigeht, d. h. wenn die Windungsebenen beider Spulen senkrecht zu einander stehen wie in Fig. 44. In Fig. 44 α stehen die Ringe senkrecht zu einander und zur Ebene der Zeichnung. Kreist ein Wechselstrom in Ring I, so induziert die obere Hälfte CAD in dem zugewandten Ringstück GEH den entgegengesetzten Strom wie die untere Hälfte CBD; die Wirkung ist also null. In Fig. 44 β steht I senkrecht zur Ebene der Zeichnung, II liegt in dieser Ebene. Die induzierende Wirkung der vorderen Hälfte ACB auf das zugewandte Leiterstück HEG ist umgekehrt wie die der hinteren Hälfte ADB, die Wirkung ist also auch hier gleich null.

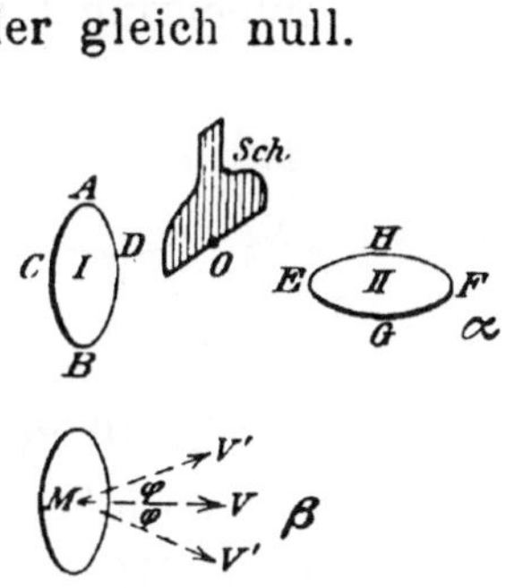

b) Sowohl in der Stellung Fig. 44 α wie β kann man nun eine Wirkung von I auf II dadurch erzielen, daß man die Strahlung der einen Hälfte von I mit einer undurchlässigen Schicht, Blechstück, abblendet, und zwar ist in Fig. 44 α die obere oder untere Hälfte und in Stellung 44 β die vordere oder rückwärtige Hälfte durch Dazwischen halten des Blechschirmes auszuschalten. In Fig. 45 α wirkt das Stück CBD besonders auf die Gegend bei E und ruft bei F

Fig. 45.

en hervor an einer eingeschalteten Funkenstrecke.

An dem Hindernis *Sch* erleiden die Wellen, welche von I ausgehen, gewissermaßen eine Beugung und treffen nach dem Huyghensschen Prinzip teilweise schräge auf die Ebene II, der Vektor wird um einen Winkel φ gedreht, gerade als wenn I um einen bestimmten Betrag gedreht wäre. Dreht man den halbkreisförmigen Schirm *Sch* um M um 360°, so daß er stets die Hälfte von I verdeckt, so beschreibt der Vektor der von I ausgehenden Strahlung einen Kegelmantel. Das Hervorrufen der Funken bei *F* durch Dazwischenhalten des Blechstückes oder Drahtnetzes *Sch* erinnert an die Aufhellung des Gesichtsfeldes zwischen gekreuzten Nicols durch Kristallplatten.

Bei der praktischen Ausführung sind natürlich nicht einzelne Ringe, sondern Spulen zu benutzen, I die Teslaprimärspule nach Elster und Geitel, II der in Fig. 33, III dargestellte Analysator, der Schirm *Sch* aus Blech ist etwas größer als die halbe Senderfläche und ist durch einen Nagel bei *O* auf einem Holzstiel befestigt, der in die Mitte der Spule I gesteckt und drehbar ist, der Indikator *F* ist am besten eine Leuchtröhre. Der Schirm *Sch* kann auch durch einen Nagel bei *O*, der in einer Kappe aus Pappe auf der Primärspule sitzt, drehbar gemacht werden. Wird der Schirm *Sch* nicht gedreht, so kann natürlich der Analysator II in Fig. 45 (oder III in Fig. 33) und 360° gedreht werden. Man erhält so eine empfehlenswerte Anordnung für Demonstration elektrischer Polarisationserscheinungen.

Sender und Empfänger müssen richtig zentriert sein, sonst tritt bei einer Drehung des Halbschirmes *Sch* oder des Analysators um 360° nur das eine Maximum klar hervor, das zweite verschwindet ganz oder ist schwächer als das erste.

Ein Drahtgitter zwischen Schirm *Sch* und Empfänger II in Fig. 45 zeigt bei der Drehung in seiner eigenen Ebene eine teilweise lineare Polarisation an; laufen die Drähte des Gitters parallel dem unteren Durchmesser des Halbkreises *Sch*, so wird viel und senkrecht dazu wenig absorbiert.

c) **Drehung eines exzentrischen Ringes zwischen gekreuzten elektrischen Nicols.** Ersetzt man den Halbkreis *Sch* in Fig. 45 durch den Bleiblechring III in Fig. 46, der an dem Holzstiel KL befestigt ist, so dreht

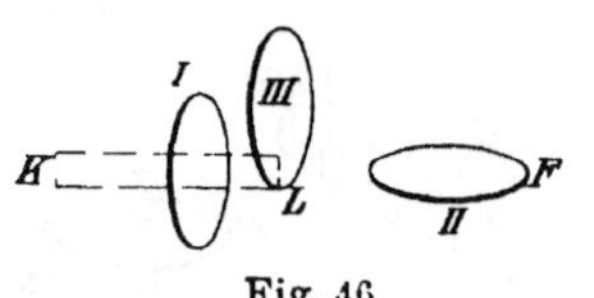

Fig. 46.

sich dieser Ring bei einer Rotation um KL ähnlich wie eine Exzenterscheibe. Ich benutzte keinen Flachring, sondern einen etwa 1 cm hohen zylindrischen Ring. Die bei der Drehung beobachtete Polarisationserscheinung gleicht der früheren; Fig. 46 zeigt eine Stellung, bei der die Leuchtröhre *F* des Analysators II anspricht. Diese Anordnung gestattet einen Vergleich der in den Ringen I bis III verlaufenden elektrischen Schwingungen mit dem wahrscheinlich ähnlichen Verlauf der Schwingungen der Moleküle oder Ätherteilchen bei manchen optischen Erscheinungen.

11. **Reflexion.** Reflexion und Brechung werden hier hinter Interferenz und Polarisation besprochen, da letztere Erscheinungen in mancher Hinsicht einfacher sind; das zur Erklärung von Reflexion und Brechung benutzte Huyghenssehe Prinzip setzt z. B. die Kenntnis der Interferenz voraus.

Bei der Durchnahme der Reflexion des Lichtes auf der Oberstufe wird man selbstverständlich auch auf die Reflexion der verwandten Strahlungsarten eingehen. Versuche über Reflexion von Wärmestrahlen an einem ebenen Spiegel (nach Looser) oder in Brennspiegeln werden wohl heute überall ausgeführt. Ebenso leicht ist der Nachweis der Reflexion elektromagnetischer Schwingungen. Zu erwähnen ist zunächst der historische Versuch von Hertz, der durch Reflexion von elektrischen Wellen an einer entfernten Wand stehende Wellen erhielt. Meist auch nur zu erwähnen und höchstens in Übungen ausführbar ist der schöne Reflexionsversuch, bei dem in einem langen Korridor eines Gebäudes von einem Sender ein Strahl elektrischer Wellen auf einen um 45^0 schräg stehenden großen Metallschirm oder passend aufgestellte Menschen fällt und von da in einen zum ersten senkrechten Gang auf einen Empfänger mit Kohärer geworfen wird. Versuche mit abgeänderten Hertzschen parabolischen Metallspiegeln werden heute schon an manchen höheren Schulen ausgeführt. Die Spiegel selbst sind schon ein Beweis für die Reflexion. Eine empfehlenswerte einfache Anordnung ist auch folgende, die der Fig. 5 teilweise entspricht.

Sp_1 in Fig. 47 ist wieder die Teslaprimärspule, am besten nach Elster und Geitel, Sp_2 der in Fig. 33 III gezeichnete und in Abschnitt IC beschriebene Empfänger, G eine leicht ansprechende Leuchtröhre. Der Empfänger Sp_2 wird rechts oberhalb Sp_1, auf der vom übrigen Instrumentarium abgewandten Seite so aufgestellt, daß G nur schwach leuchtet. Hält man nun das nicht zu kleine Blech A schräg zu beiden Spulen, so leuchtet G hell auf. Befindet sich das spiegelnde Blech in der Stellung B, so ist ebenfalls einige Wirkung zu beobachten, besonders auch, wenn beide Spulen mit parallelen Achsen in einiger

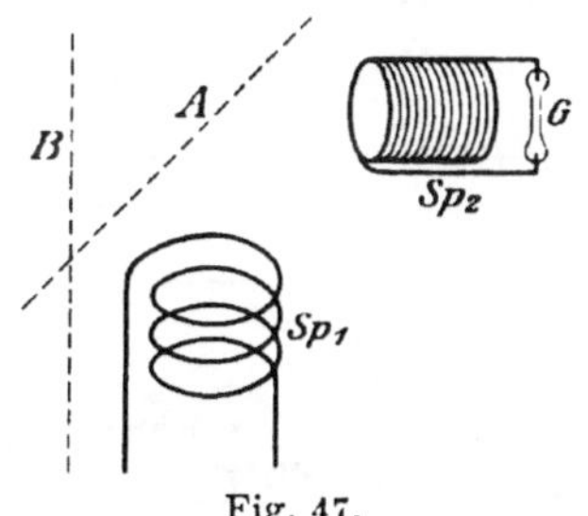

Fig. 47.

Entfernung neben einander stehen. Legt man beide Spulen in passender Entfernung vor einander, so daß die Achsen in einer Geraden liegen, so wirkt ein darüber gehaltenes Blech wie ein Spiegel. Ein der Länge nach geschlitzter Metallzylinder, *Zeitschr.* **21**, 372, regt zu einem Vergleich mit einem Sprachrohr an. Statt der Leuchtröhre kann auch eine Funkenstrecke zwischen Zinkspitzen als Indikator dienen. Da fast alle höheren Schulen heute ein Teslainstrumentarium besitzen, so sind derartige Versuche zur Demonstration der Reflexion elektromagnetischer Schwingungen fast überall ausführbar. Als Empfänger läßt sich zur Not die gewöhnliche Teslasekundärspule benutzen, besser ist die oben beschriebene von größerem Durchmesser, die man selbst oder ein Schüler aus

0,1 bis 0,2 mm dickem isolierten Draht leicht wickeln kann. Die Wickelung darf aber nicht etwa durch einen geschlossenen Metallring, der am Ende der Wickelung Halt geben soll, begrenzt sein, da dieser Ring fast die ganze Strahlung allein absorbiert. Die Befestigung der Wickelung muß mit Siegellack oder durch Bekleben mit Papier am Rande geschehen. Wird übrigens bei diesen Versuchen das der Funkenstrecke abgewandte Ende des Senders Sp_1 geerdet, so ist die Ausstrahlung kräftiger, und der Abstand $Sp_1 Sp_2$ kann größer gewählt werden. Die benutzte Funkenstrecke sei nicht zu klein.

Kritik der Reflexionsversuche. Von sachverständiger Seite ist mir der Einwand gemacht worden, daß bei der Länge der benutzten Wellen und der Kleinheit des Spiegels es sich nicht wohl um eine Reflexion im Sinne der Wellenlehre handeln könne; höchstens könnten irgendwelche Oberschwingungen in Betracht kommen.

Es ist ja möglich, daß Oberschwingungen bei den Versuchen eine Rolle spielen. Ich glaube aber, die Kleinheit des Spiegels (40×40 cm) ist kein Beweis dafür, daß keine richtige Reflexion vorliegen kann. Beim Schall handelt es sich um ähnliche Wellenlängen; man kann aber die Reflexion schon dadurch nachweisen, daß man dicht hinter eine Taschenuhr einen Tassenkopf hält bei etwa 50 cm Abstand vom Ohr. Es ist nicht nötig, daß zwischen Sender und Spiegel mindestens eine ganze Welle sich befindet, es genügt ein Bruchteil einer solchen. Der Blechschirm B in Fig. 47 verhindert die Ausstrahlung nach links und verstärkt die nach rechts; das darf man doch Reflexion nennen. Natürlich können Kapazität, Influenz und Induktion bei derartigen Versuchen mit elektromagnetischen Schwingungen eine wesentliche Rolle spielen.

Versuch. Benutzt werden die schon oben beschriebenen Oudinschen Spulen, Fig. 26 und 48, und ein Resonator nach Oudin. Der Sender Sp_1 ist

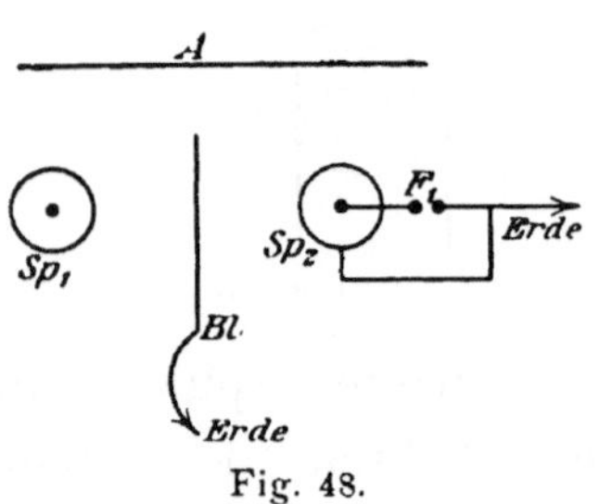

Fig. 48.

galvanisch (d. h. durch einen Draht) mit dem Schwingungskreise verbunden, aus dem Knopf strömt ein Funkenbüschel, Sp_2 ist eine gleiche Spule, deren Anfang und Ende durch eine Leuchtröhre oder eine Drahtverbindung mit kleiner Funkenstrecke verbunden sind. Der Empfänger spricht nicht an, wenn zwischen den etwa 40 bis 50 cm entfernten Spulen der zur Erde abgeleitete Blechschirm Bl sich befindet, wohl aber, wenn nun der isolierte Metallspiegel A (Stanniolblatt auf einer Papptafel) genähert wird. Schüler erklären diesen Versuch ganz sicher so, daß die von Sp_1 ausgehenden Wellen an A reflektiert und nach Sp_2 geworfen werden. In erster Linie kommt hier die von der Spitze des Senders ausgestrahlte elektrostatische Wirkung in Betracht. Durch Influenz entstehen in A Schwingungen, die auf Sp_2 wirken. Ein isolierter Draht statt A genügt aber nicht, wahrscheinlich weil er abgestimmt sein müßte. Bei größeren Flächen kommt diese Abstimmung nicht so in

Betracht, weil darin, wie aus der Akustik durch Vergleich folgt, verschieden-artige Schwingungen verlaufen können.

Ganz ähnlich wie in dem letzten Versuch die Influenz, spielt bei unserem Hauptversuch Fig. 47 die Induktion eine Hauptrolle. In den Metallspiegeln A und B entstehen in den der linken Seite von Sp_1 zunächst liegenden Teilen um 180^0 in der Phase verschobene Foucaultsche Ströme, in den oberen Teilen solche, die mit der rechten Seite von Sp_1 ganz oder fast in Phase sind, dadurch wird die Ausstrahlung nach rechts verstärkt.

Schon oben bei Besprechung von Lodges Resonanzversuch ist erwähnt, daß durch Nähern einer größeren Blechtafel der Verlauf des Versuchs be-einflußt wird. Man kann den Spiegel oben über oder seitwärts neben die Schwingungskreise der Flaschen stellen. Man stelle die Blechtafel nahe hinter den Sendekreis, während vorher der Empfängerkreis bei nicht zu kleiner Sekundärfunkenstrecke etwas zu groß eingestellt ist, so daß gerade keine Funken mehr überspringen; man wird finden, daß durch Nähern der Tafel das Funkenüberspringen wieder eintritt. Der Versuch scheint eine Reflexion elektromagnetischer Schwingungen zu beweisen. Es erregt Ver-wunderung, daß sofort darauf bei etwas geänderter Einstellung des Emp-fängers durch Annäherung des angeblichen Spiegels an den Sender das Ansprechen des Empfängers beeinträchtigt wird. Bei derartigen Versuchen kann natürlich auch der Einfluß eines Spiegels, welcher der Rück-seite des Empfängers genähert wird, untersucht werden. Ähnliche Versuche sind ferner mit Oudins Resonanzspulen, Fig. 26, möglich. In erster Linie kommt dabei die Änderung der Resonanz in Frage.

Wollte man unseren Hauptversuch nicht als Reflexionsversuch gelten lassen, so würden auch die Versuche mit Hertzschen Spiegeln nicht als solche gelten dürfen. Die Spiegel werden heute von den Lehrmittelhand-lungen meist in recht kleiner Form in den Handel gebracht. Ihre Kapazität ist von Einfluß auf die Schwingungen. Influenz und Induktion von Sender auf den Spiegel ist auch vorhanden. Bei der drahtlosen Telegraphie benutzt man Hertzsche Spiegel ja bekanntlich nicht. Etwaige Abstimmungsversuche werden durch die Nähe der Spiegel nur erschwert. Andererseits muß darauf hingewiesen werden, daß bei der Reflexion eines Lichtstrahles auch nicht einfach der Spiegel neutral bleibt. Auch er absorbiert etwas von den Schwingungen und sendet selbst Strahlen aus, wie z. B. beim Glase leicht nachweisbar ist.

Reflexion an einem Gitter. Die Reflexion elektrischer Wellen läßt man bei Benutzung schräg stehender Hertzscher Spiegel gewöhnlich an einem Drahtgitter erfolgen. Es wird gezeigt, daß ein Gitter nur dann reflektiert, wenn seine Drähte der elektrischen Schwingungsrichtung des Senders ganz oder beinahe parallel sind, nicht aber in senkrechter Stellung.

Zu einem entsprechenden Versuch habe ich den oben erwähnten Doppelsender Fig. 34a und S in Fig. 49 mit zwei in einander stehenden auf einander senkrechten Spulen benutzt. *Bl* ist ein als Schirm dienendes Blechstück, *Gi* ein Drahtgitter, dessen Drähte den wagerechten Windungen des Senders teilweise gleichlaufen. Der Empfänger E_1 muß jetzt so gedreht werden, daß seine Windungen dem Tische parallel sind, E_2 muß in 90° dagegen verschoben sein. Stehen die Empfänger schon vorher richtig, so wird

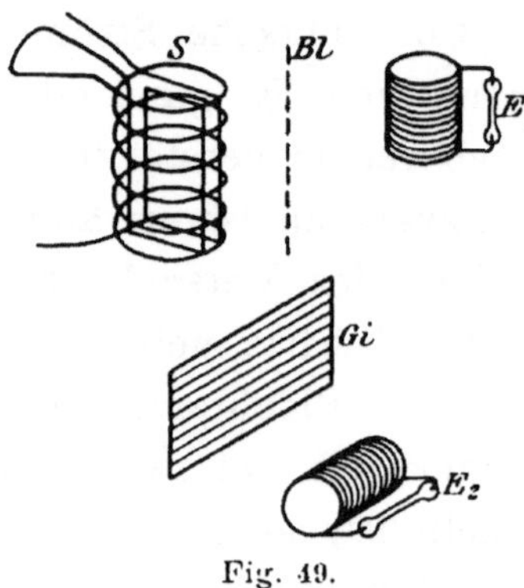

Fig. 49.

durch Dazwischenhalten des Gitters *Gi* in der gezeichneten Stellung in beiden Empfängern ein Aufleuchten erzielt; stehen aber beide vorher parallel dem Tische oder beide senkrecht dazu, so wird der eine heller, der andere dunkler werden. Der reflektierte und durchgelassene Teil der Strahlung des Doppelsenders sind also senkrecht zu einander polarisiert. Bei diesen Versuchen lagen die Gitterdrähte in der Einfallsebene bei der Reflexion.

12. **Brechung.** Behandelt man im Anschluß an die Brechung des Lichtes auch die Brechung der verwandten Strahlen, so wird man den experimentellen Nachweis für Wärmestrahlen mit Benutzung eines Steinsalzprismas und ebenso den HERTZschen Versuch der Brechung elektrischer Wellen durch ein Pech- oder Paraffinprisma wohl meist nicht ausführen, sondern die Versuche nur erzählen; es ist ja auch nicht nötig, daß jede Tatsache der Physik durch ein Experiment veranschaulicht wird. Trotzdem bleibt es zu bedauern, daß gerade die Brechung der elektrischen Wellen ihrer großen Länge wegen schwer zu demonstrieren ist. Bei den Wärmestrahlen hat man wenigstens den Versuch mit dem Jod-Schwefelkohlenstoffkölbchen, das wie eine Linse wirkt; auch wird der schöne Versuch mit dem Zinksulfidschirm nach DANNEBERG, *Zeitschr.* **21**, 157, nicht fehlen dürfen, bei dem der ultrarote Teil des Spektrums durch Auslöschen der Phosphoreszenz, also durch Dunkelheit, und der ultraviolette Teil durch lebhaftes Aufleuchten nachgewiesen wird. Quarzprisma und Quarzlinse für den Nachweis der kurzwelligen Strahlen, ebenso ein Bariumplatincyanürschirm sind wohl meist in den Sammlungen vorhanden. Auch ein Photographieren des Spektrums wird häufig an den höheren Schulen ausgeführt.

Bei der Durchnahme der Brechung in der Optik ist natürlich der Zusammenhang zwischen Brechungsexponent und den Geschwindigkeiten des Lichtes in den verschiedenen Medien zu erwähnen und im Anschluß daran die Bestimmung der Geschwindigkeit in Wasser durch FOUCAULT zu 30000 Meilen, die den „Beweis" der Wellennatur des Lichtes im Gegensatz zur Emanationstheorie geliefert hat. Natürlich kann es sich dabei nur um einen indirekten Beweis handeln. Es ist von Interesse, die Frage zu erörtern, ob die Emanationshypothese und Undulationstheorie die beiden einzigen Erklärungsmöglichkeiten sind. Die Annahme von Elastizitäts-Wellen hat man heute zugunsten der elektromagnetischen Schwingungen aufgegeben

Beim Aufwerfen der Frage ist mir einmal gesagt worden, vielleicht ist das Licht eine Wirbelbewegung; Zyklone teilen sich z. B. oft in der Nordsee in ein ostwärts und in ein nordwärts wanderndes Minimum, ähnlich wie ein Lichtstrahl auch in zwei zerlegt werden kann. Oder es ist an das Verhalten der elektrischen und magnetischen Kraftlinien erinnert worden, die beim Übergange aus Luft in ein anderes Medium in charakteristischer Weise abgelenkt werden. Eine Anregung, irgend eine derartige Hypothese weiter auszuspinnen, kann von einigem Nutzen sein, wenn sie wie z. B. die Wirbeltheorie auch nur dazu führt, daß einige Schüler experimentell zu ermitteln versuchen, ob ein Wirbel reflektiert werden kann. Die Brechung des Lichtes stellt so einen speziellen Fall der größeren Aufgabe dar, das Verhalten irgend eines Kraftflusses beim Übergange aus einem Medium in ein anderes zu untersuchen.

Huyghens hielt das Licht für eine longitudinale Wellenbewegung des Äthers, erst Fresnel wies nach, daß es aus transversalen Wellen besteht. Bei der Besprechung obiger Hypothesen ist die Frage nach 'longitudinalen Ätherschwingungen, longitudinalem Licht, das doch wahrscheinlich vorhanden ist, sehr naheliegend. Historisch ist interessant, daß bei der Entdeckung der Röntgenstrahlen von Physikern die Vermutung ausgesprochen ist, daß die neu entdeckten Strahlen vielleicht die lange gesuchten longitudinalen Ätherschwingungen sein könnten. Bei Besprechung der Frage, ob elektromagnetische Schwingungen longitudinaler Art, langsame oder Hochfrequenzschwingungen, denkbar sind, ist mir gesagt, daß Wechselströme in geraden Drähten als longitudinale Schwingung, die Pulsationen im Lecherschen Drahtsystem als stehende Wellen gleicher Art und die von einem Metallteil infolge schnell wechselnder Ladung erfolgende elektrostatische Ausstrahlung (Influenz) als longitudinale Vibration angesprochen werden kann. Das freie Ende einer Antenne eines Öl-Senders strahlt in der Verlängerung des Drahtes, etwa in eine Geisslersche Röhre hinein, longitudinale Schwingungen aus, desgleichen der Knopf einer Oudinschen Resonanzspule oder der Sekundärspule eines Teslatransformators. Beim Versuch mit der Teslahandröhre leuchtet diese, wie es scheint, intermittierend durch elektrostatische, longitudinal erfolgende Schwingungen. Die elektrischen Kraftlinien eines Hochfrequenz-Wechselfeldes. Die Besprechung solcher Hypothesen kann anregend wirken, wenn sie auch sonst von keiner Bedeutung sind.

Versuche zur Brechung elektromagnetischer Strahlung. Meine Bemühungen, die Brechung mit ähnlichen Mitteln wie oben die Reflexion usw. zu zeigen, waren nicht in jeder Hinsicht erfolgreich. Bei einer Anordnung wurde die gut isolierte Teslaprimärspule Sp (nach Elster und Geitel) etwas schräg in eine große Glaswanne W (Fig. 50) mit Wasser gelegt; eine der oben schon öfters benutzten größeren Sekundärspulen aus dünnem Draht A wurde als Empfänger vor die Wanne gelegt, zunächst so, daß die Mittellinien beider Spiralen eine Gerade bildeten; man erhält

Funken bei F_1 zwischen Zinkspitzen. Dreht man nun die Sekundärspule um C vom Einfallslote weg, so tritt eine kleine Zunahme der Wirkung ein; dreht man sie umgekehrt zum Einfallslot hin und darüber hinaus, so wird die Wirkung bei F_1 geringer. Es handelt sich aber um immerhin unsichere, subjektive Eindrücke. Der Versuch ist nicht so zu empfehlen wie die obigen über Reflexion, Absorption, Interferenz usw.

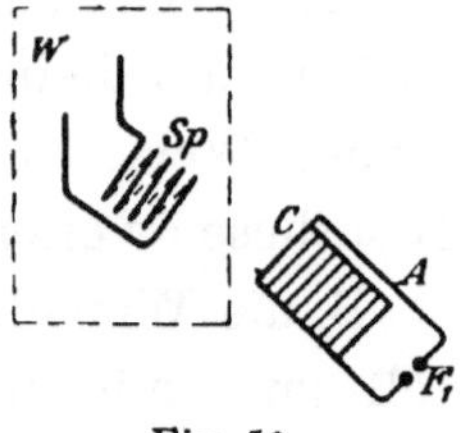

Fig. 50.

Dieselbe Einschränkung gilt für den nächsten Versuch. Der bei Starcke, S. 319 erwähnte Versuch von Klemencic zur Bestimmung der Schwingungsrichtung des polarisierten Lichtes — die elektrischen Schwingungen erfolgen senkrecht zur Polarisationsebene, die magnetischen in der Polarisationsebene — ist von mir im kleinen mit einem schräg gehaltenen Glassatz aus alten photographischen Platten wiederholt worden. Ich hatte den subjektiven Eindruck, daß bei parallel neben einander liegenden Spulen, Tesla-Sender und -Empfänger, das Funkenüberspringen bei F_1 etwas verschieden war, je nachdem der Glassatz hochkant stand oder am 90° gedreht wurde. Die Anordnung war aber nicht genau genug, um ein sicheres Ergebnis zu erhalten[1]).

Starke, *Experimentelle Elektrizitätslehre*, 1904, S. 323, empfiehlt zur Demonstration der Linsenwirkung, den Erreger kurzer elektromagnetischer Wellen anstatt in die Brennlinie eines Hohlspiegels in den Brennpunkt einer 10 bis 15 Liter Petroleum fassenden Glaskugel zu bringen. Durch einen Schüler bin ich auf das „*Elektrotechnische Experimentierbuch*" von E. Schnetzler, Stuttgart Union, 5. Aufl., aufmerksam gemacht worden. Dort dient ein Öl-sender in einer Metallkiste mit geradem Blechansatzrohr als Erreger eines Strahls kurzwelliger elektrischer Schwingungen, als Empfänger dient ein Kohärer. Auf Seite 236 bis 242 ist ein Interferenzversuch ähnlich dem Kanéschen Interferenzröhrenversuch der Akustik und weiter ein Versuch zur Reflexion und Brechung beschrieben; zu letzterem soll ein Gefäß mit 1 bis $1\frac{1}{2}$ Liter Petroleum dienen.

Liegen in Fig. 51 die Teslaprimärspule Sp_1 und der Empfänger Sp_2 parallel neben einander, so kann der Zwischenraum zwischen Sp_1 und Sp_2

---

[1]) Über den Nachweis der magnetischen Komponente in den elektromagnetischen Schwingungen vergleiche man K. Bangert, Zeitschr. **20**, 364 (1907) und Grimsehl, Zeitschr. **21**, 9 (1908). Für den Unterricht kommen hierbei wohl nur Versuche mit der Seibtschen Spirale in Frage, der heute meist auf der einen Seite ein geerdeter Draht und auf der anderen Seite eine Geißlersche Röhre parallel geschaltet wird. Die elektrische Ausstrahlung nach dem Draht kann dadurch deutlicher gemacht werden, daß man an dem weit abstehenden Draht eine kleine Geißlersche Röhre rechtwinklig entlang führt. Die magnetische oder induktive Komponente kann man auch durch paralleles Entlangführen der Empfängerspule III in Fig. 33 nachweisen. Dieser Empfänger, der nicht mit der Hand hierbei berührt werden darf, spricht da an, wo die lange Röhre leuchtet, aber nicht da, wo nach dem Drahte elektrische Ausstrahlungen stattfinden.

bei leidlicher Abstimmung, namentlich wenn Sp_1 bei E geerdet ist, und bei F kräftige Funken überspringen, ziemlich beträchtlich sein, bis die leicht ansprechende kleine Röhre nur schwach leuchtet. Nimmt man statt G eine kleine Funkenstrecke, so kann man noch weitere Abstände benutzen. Bringt man jetzt in den Zwischenraum nahe an Sp_2 eine größere Paraffinkugel an einem Gummistiel oder ein Glasgefäß mit mehreren Litern Petroleum oder noch besser ein solches mit destilliertem Wasser, so ist womöglich eine Wirkung zu spüren. Man erhält so Versuche, die den Eindruck der Brechung, der

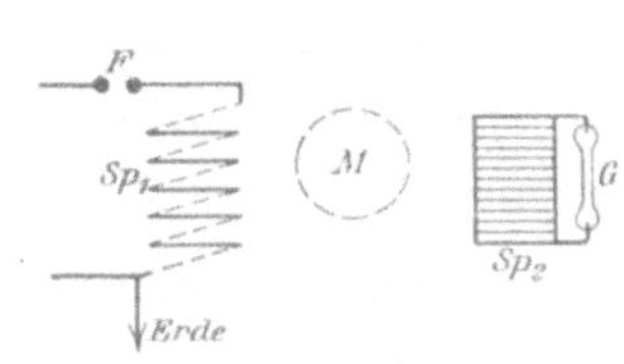

Fig. 51.

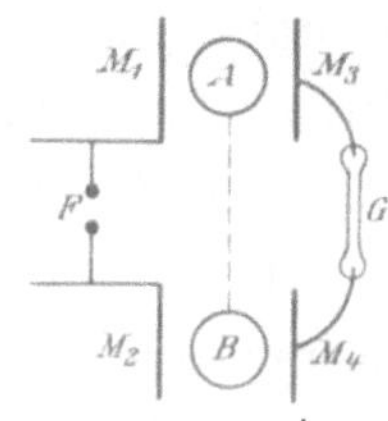

Fig. 52.

Linsenwirkung machen. Man versäume auch nicht, einen großen rechteckigen Paraffinklotz oder ein rechteckiges längliches Gefäß mit Petroleum oder Wasser auf isolierender Unterlage zwischen Sender und Empfänger zu stellen. Man kann hierbei wohl an totale Reflexion denken. Schließlich stelle man an die Stelle M ein Blechgefäß, einmal isoliert, dann auch zur Erde abgeleitet auf. In dem ersten Falle wirkt das Gefäß wie eine Linse, im zweiten absorbiert es fast die ganze Strahlung.

Will man nur den Einfluß des Mediums auf die Aussendung elektromagnetischer Strahlung untersuchen, so kann man den in Fig. 6 dargestellten und dort beschriebenen Sender benutzen. Zwischen die gegenüberstehenden Metallplatten M_1 und M_3 sowie M_2 und M_4 in Fig. 52 stelle man je ein rundes oder eckiges Glasgefäß mit Petroleum oder Wasser oder je einen Paraffinklotz, schließlich auch je ein isoliertes Blechgefäß A und B. Besonders im letzten Falle ist die Zunahme der Wirkung auf G sehr groß, diese hört sofort auf, wenn A und B durch einen Draht verbunden werden. A und B können auch isoliert stehende Personen sein, die sich die Hand reichen oder nicht. Sind an M_3 und M_4 Lechersche Drähte angeschlossen und stehen M_1 und M_3 sowie M_2 und M_4 in einem Akkumulatorengefäß, so läßt sich untersuchen, ob durch Einfüllen einer Flüssigkeit in die Gefäße die an den Lecherschen Drähten zu beobachtende Wellenlänge ungeändert bleibt.

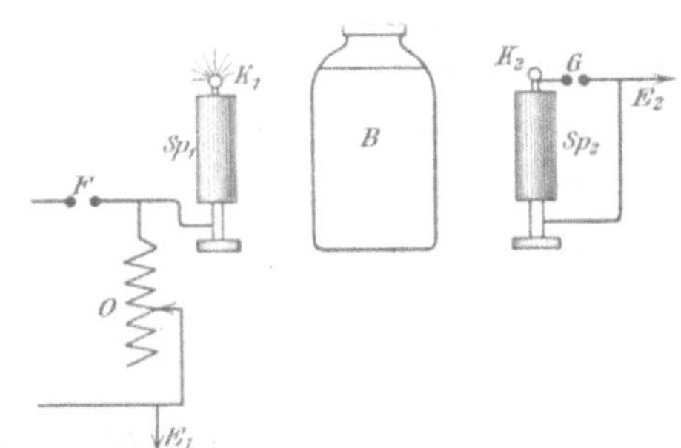

Fig. 53.

Weiter sind Versuche mit der obigen Anordnung Fig. 26 mit Oudinschem Resonator O und Resonanzspulen Sp_1 und Sp_2 (Fig. 53) zu erwähnen. G ist eine Funkenstrecke oder eine Leuchtröhre; bei E_1 oder E_2 können Verbindungen mit der Erde hergestellt sein oder nicht. Befindet sich in B

ein zur Erde abgeleiteter Leiter, so wird fast die ganze Strahlung absorbiert. Ganz anders verhält sich ein isolierter Leiter oder Halbleiter. B sei ein größerer Glasballon mit Petroleum oder mit destilliertem Wasser. Rückt man diesen zu nahe am Sp_1 oder Sp_2, so wird die Wirkung geringer, in gewisser Stellung aber besonders groß, so daß der Eindruck der Linsenwirkung erzielt wird. Interessant sind auch Versuche mit Paraffinklötzen oder Kugeln, die Sp_1 oder Sp_2 genähert werden, wobei es von Einfluß ist, ob E_1 und E_2 geerdet sind oder nicht. Ein isolierter Metallzylindermantel, dessen Achse in der Linie $K_1 K_2$ liegt, muß etwas näher an K_1 (aber nicht zu nahe!) als an K_2 liegen, damit er von besonderem Einfluß ist. Ein auf einem Isolierschemel stehender Mensch zwischen Sp_1 und Sp_2 wirkt in richtiger Stellung wie eine Linse, und andere Versuche mehr.

Exakte Versuche über Brechung elektrischer Wellen auf eng begrenztem Raume auszuführen, ist nicht leicht. Der Sender soll kleine Wellenlängen liefern. Sodann kommen infolge der großen Nähe Influenz, Änderung der Kapazität und Störungen der Resonanz in Frage. Versuche, die so aussehen, als ob infolge Verschiebung der angeblichen Linse die günstigste Stellung durch Finden des Brennpunktes gewonnen ist, zeigen vielleicht nur eine Beeinflussung der Kapazität durch Nähern eines Leiters an. Destilliertes Wasser ist natürlich ein Halbleiter, auch das käufliche Petroleum zeigt, ich glaube infolge von Zusätzen aus Gründen der Feuersicherheit, Spuren von Leitfähigkeit. Selbst Nähern eines größeren Paraffinstückes beeinflußt die Kapazität. Deutlich hervor tritt meist ein Zusammenhang zwischen den angeblichen Linsenwirkungen und elektrostatischen Erscheinungen. Es soll ja auch nach Maxwell die Wurzel aus den Dielektrizitätskonstanten gleich dem Brechungsexponenten sein. Bekanntlich ist eine Kondensatorkapazität $C = \eta \cdot \dfrac{F}{4\pi d}$, d. h. die Dielektrizitätskonstante ist von der Dimension $\eta = \dfrac{\text{Kapazität}}{\text{Länge}}$. Nun ist die Kapazität $C = e/V = \mathrm{cm^{-1}\,sec^2}$, also $\eta = \mathrm{cm^{-2}\,sec^2} = 1/v^2$. Der Brechungsexponent ist $n = v_0/v = 1/v$, wenn $v_0 = 1$ und $\eta = 1$ die entsprechenden Werte für Luft sind. Also $n^2 = 1/v^2 = \eta$ und $n = \sqrt{\eta}$; für Wasser ist $\eta = \sim 81$ und $n = \sim 9$, wie durch Versuche nach Lecher, Drude oder Blondlot feststellbar ist. Die obigen Versuche, die den Eindruck der Brechung hervorrufen, sind also nicht ganz wertlos.

13. Versuche mit Metallringen. Mehr betriedigt als die vorhergehenden Versuche, die auch für den Unterricht teilweise geeignet sein mögen, haben mich Versuche mit Draht- oder Blechringen. Liegen Sender und Empfänger in einigem Abstand parallel neben einander, so wird bei G das Funkenüberspringen oder Leuchten einer Röhre sofort kräftiger, wenn ein geschlossener Drahtring R, Fig. 54,

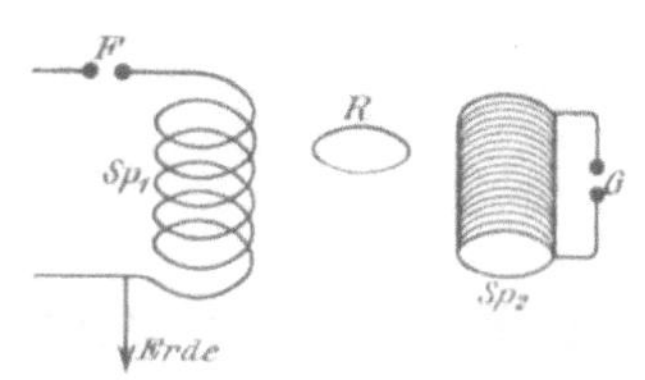

Fig. 54.

zwischen Sp_1 und Sp_2 gehalten wird, so daß seine Ebene parallel den Windungsebenen der andern Spiralen ist. Dieser Ring konzentriert also die induzierende Wirkung fast wie eine Linse. Der in dem Ringe induzierte Strom hat in der rechten Hälfte rund 360° Phasendifferenz gegen die rechte Seite der Primärspule, daher die verstärkende Wirkung.

Weitere Versuche mit Ringen und Ringsystemen. Wird der Empfänger bei unseren Versuchen, bei denen Sender und Empfänger neben einander liegen, längs der zu Sp_1 parallelen Geraden AB (Fig. 55) verschoben, so tritt das Maximum der Wirkung in der mittleren Stellung AB ein, und natürlich erst recht, wenn der im vorigen Versuch benutzte Ring R sich in Stellung I befindet. Dies ändert sich aber, wenn der Ring aus Stellung I nach II oder III gebracht wird. Befindet sich in AB und in CD je ein Empfänger, so wird durch den Ring III in AB eine Schwächung und in CD eine Verstärkung der Wirkung erzielt. Man vergleiche auch die in Fig. 45 und 46 demonstrierte Änderung der Richtung der vom Sender ausgehenden Strahlung.

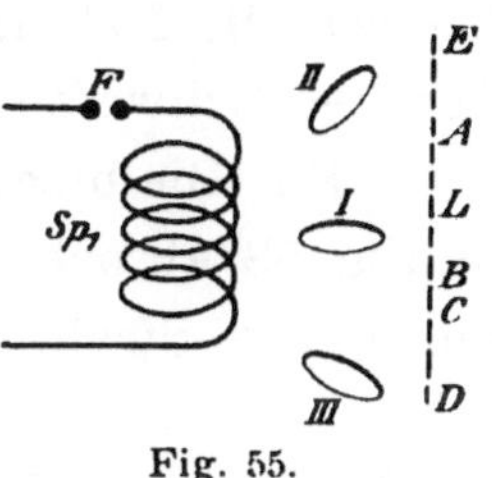

Fig. 55.

Befestigt man auf einem Brett Ringe, deren Ebenen auf dem Brett senkrecht stehen, so kann man dadurch die von der Teslaprimärspule nach rechts ausgehende Strahlung konvergent oder divergent machen, Fig. 56.

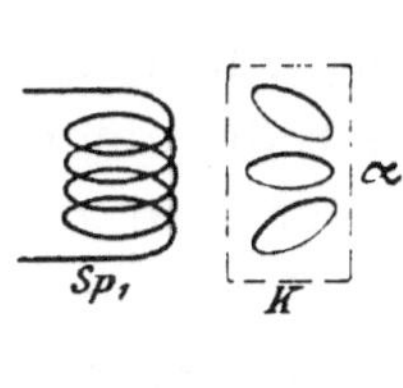

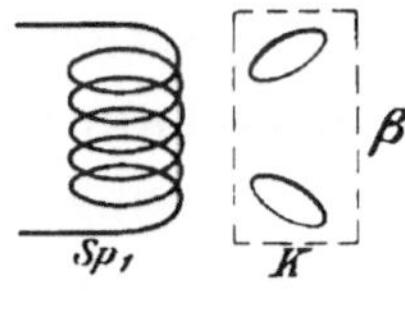

Fig. 56.

Befestigt man auf einer Holzleiste K eine Reihe parallel neben einander stehender Blechringe, von denen jeder in sich geschlossen ist, so werden diese bei schräger Stellung die von Sp_1 (Fig. 57) nach rechts ausgehende Strahlung nach unten (α) oder nach oben (β) ablenken. Naheliegend ist der Vergleich dieser Erscheinung mit der Tatsache, daß ein Lichtsstrahl bei schrägem Durchgang durch

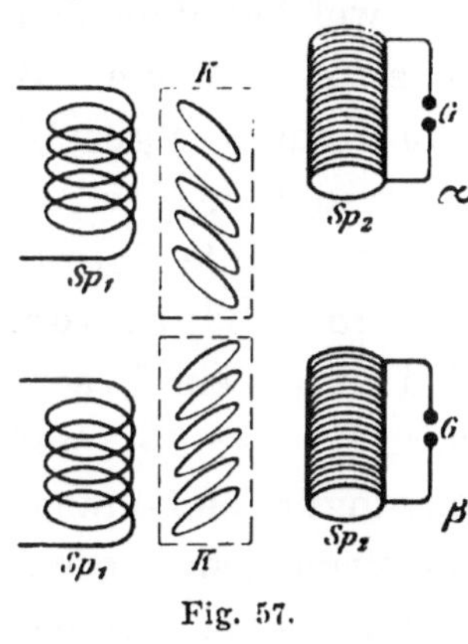

Fig. 57.

eine planparallele Platte parallel verschoben wird. Die Blechringe stellen gewissermaßen Körpermoleküle vor, der Körper K verursacht eine Brechung des elektromagnetischen Strahls. Es wäre denkbar, durch kompliziertere Anordnungen solcher Ringsysteme Prismen und Linsen nachzuahmen.

14. Emission und Absorption. Bei der Besprechung der Spektralanalyse ist man nach der experimentellen Vorführung der Umkehrung der D-Linie genötigt, das Kirchhoffsche Gesetz von der Gleichheit der Emission und Absorption zu behandeln. Dabei wird man natürlich Beispiele aus der Wärmelehre zum Vergleich heranziehen. Selbstverständlich wird man auch auf einige elektrische Resonanz- und Absorptionsversuche hinweisen, z. B. auf die Versuche mit Lodges Resonanzflaschen oder Oudins Resonanz-

spulen. Anordnungen wie die obigen mit Teslasender und -Empfänger, Fig. 38 oder 39, sind für Absorptionsversuche recht geeignet. Sender und Empfänger können parallel neben einander oder vor einander liegen oder auch senkrecht über einander sich befinden. Die verschiedensten Körper lassen sich dazwischen halten oder stellen. Die elektrischen Wellen werden besonders von den guten Leitern, die auch die Emission befördern, absorbiert. Bei einigen Anordnungen macht es etwas aus, ob der Leiter geerdet ist oder nicht. Graphit emittiert und absorbiert nur mäßig, man vergl. *Zeitschr.* **21**, 362 und 370. Eine Glasröhre in Form einer Spirale mit verdünnter Schwefelsäure ist als Sender oder Empfänger wenig wirksam.

Ein Bleiblechring R zwischen Sender- und Empfängerspule Sp_1 und Sp_2 in Fig. 58 absorbiert, wenn er parallel den Windungen gehalten wird, fast die ganze Strahlung, besonders wenn er dicht an Sp_1 sich befindet. Ein

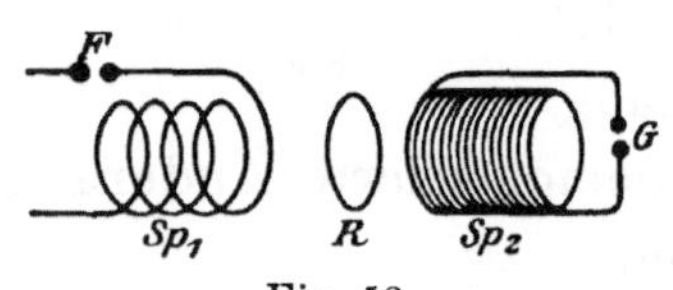

Fig. 58.

Ring von gleichem Umfange aus 0,1 mm dickem Kupferdraht absorbiert sehr viel weniger. Dadurch veranlaßt, fertigte ich zwei Sendespulen, auf gleichen Elementengläsern gewickelt, die eine aus Bleiblechstreifen, die andere aus ebenso vielen Windungen 0,1 mm dicken Kupferdrahts zur Demonstration der ungleichen Emission; die letzte wirkte auf den Empfänger Sp_2, welcher dem Sender parallel stand, in 15 cm Entfernung kaum so wie die erste in 20 cm. Benutzte man aber statt des Empfängers Sp_2 einen, der etwa 1 cm weniger Windungen hatte, so war das Verhältnis gerade umgekehrt; der Sender aus dünnem Drahte emittierte „mehr“. Wieder also ein Beweis für die Notwendigkeit der Resonanz zwischen Sender und Empfänger.

15. **Dispersion.** Aus einem Gemisch von verschiedenen Schwingungen wird durch ein Resonatorengitter nach GARBASSO — man vergleiche STARKE, 1904, 329 — die, auf welche das Gitter abgestimmt ist, zurückgehalten. Schwingungen können in der Richtung oder in der Wellenlänge und Schwingungszeit verschieden sein. Für in der Richtung verschiedene zeigt unser Versuch mit dem Doppelsender Fig. 34a, daß eine Schwingung glatt durch das Gitter hindurchgeht, nicht aber die dazu senkrechte. Es ist im Anschluß daran auch ohne Versuch verständlich, daß für ein Bündel von Schwingungen verschiedener Wellenlänge Ähnliches gelten kann. Ein Gitter läßt nicht alle Schwingungen gleich gut durch, auch hier ist die Resonanz von Wichtigkeit. Dies kann bei der Erklärung der Dispersionserscheinungen, die ja durch den Einfluß der Schwingungen der Atome des Körpers verursacht sein sollen, Benutzung finden. Für Wellenlängen, die mit diesen Schwingungen in völliger Resonanz sich befinden, soll völlige Absorption eintreten. „Diese Resonanzgebiete sind die Stellen der sogenannten anormalen Dispersion.“ Ein Versuch, der an solche GARBASSOS teilweise anklingt, obwohl die Absorption nicht durch einen linearen Körper verursacht wird, ist folgender. In Fig. 55 befindet sich der Empfänger in der Stellung EL, der absorbierende

Ring schräg in Stellung III oder besser etwas höher. Dadurch wird die Ausstrahlung von Sp_1 vom Empfänger teilweise abgelenkt und nach CD zu verstärkt. Vergleicht man die Wirkung verschiedener Ringe III, benutzt man zuerst große, dann kleine, zuerst solche aus Bleiblech, dann solche aus dünnstem Kupferdraht, so ist die Verminderung am Empfänger verschieden, wie auch bei der Brechung und Dispersion die Moleküle verschiedenartiger Körper die Lichtwellen ungleich beeinflussen. Nicht geschlossene Ringe sind von sehr geringer Wirkung hierbei.

Senkt man GARBASSOS Resonatorengitter in eine isolierende Flüssigkeit, so zeigt sich, daß jetzt das Gitter nur auf eine um das $\sqrt{\eta}$-fache langsamere Schwingung wirken kann, wenn η die Dielektrizitätskonstante ist. Zur Demonstration dieser Tatsache, daß die Resonanz zweier Leiter mit Änderung des isolierenden Mediums, in dem sich einer von ihnen befindet, beseitigt wird, eignen sich gut Versuche mit OUDINS Resonanzspulen Fig. 26 und 53. Die Resonanz wird schon beeinflußt, wenn man auf den Knopf einer Spule einen Glastrichter oder einen kleinen Rezipienten setzt. Sind Sender und Empfänger nicht genau abgestimmt, so kann durch die Annäherung eines Nichtleiters an die Spule von zu kleiner Kapazität und Selbstinduktion die Resonanz besser werden. Aus Paraffin habe ich zwei Klötze gegossen, die mit passender halbzylindrischer Rille versehen wurden, so daß sie wie eine Form die Sendespule ganz umgaben. Dadurch wird die Ausstrahlung aus dem Knopf (Fulguration), die vorher bestand, beseitigt; sie tritt wieder ein, wenn im Hauptschwingungskreise an OUDINS variablem Resonator mehr Selbstinduktion eingeschaltet wird. Entfernt man die Paraffinhülle, so hört die Resonanz wieder auf; der Resonator muß zurückgedreht werden. Die Wirkung auf die Empfängerspule Sp_2 in Fig. 26 variiert dabei ebenfalls. Das Umhüllen des Senders mit einem festen Isolator ist dem Eintauchen in Öl in manchen Fällen vorzuziehen.

16. **Schluß.** Fließt Gleichstrom durch Drähte, Drahtschleifen, Solenoide, so übt er Wirkungen aus, die von AMPERE zur Erklärung des Magnetismus benutzt sind. Fließt Wechselstrom hoher Frequenz durch Drähte oder Solenoide, so zeigen sich Ausstrahlungen, die in ihren Eigenschaften dem Licht und verwandten Strahlungen gleichen. Interferenz und Polarisation treten auf, Spiegelung durch ein Metallblech oder Gitter ist zu beobachten; ein System von isolierten Blechringen bewirkt Brechung des elektrischen Strahls; ein Solenoid absorbiert die Schwingungen, die es zu emittieren vermag usw.

Nur die Wellenlängen der optischen und ähnlichen Strahlungen sind viel kleiner als die hier auftretenden. Beim Magnetismus ist den Versuchen mit Solenoiden noch die Hypothese von den Ampereströmen hinzuzufügen, die die Körpermoleküle des Eisens umfließen. In entsprechender Weise sind zur Erklärung des Lichts noch Hypothesen über Eigenschwingung von Atomen und Elektronen den Versuchen hinzuzufügen, um z. B. die Emission

von Licht durch eine brennende Kerze und ferner die Dispersion zu erklären. „Der Einfluß der schwingenden Elektronen bzw. Elektronen-
komplexe ist bei den Wellenlängen am größten, deren Periode mit der
Eigenschwingung der Atome übereinstimmt" (STARKE, 1904, 333). Diese Eigen-
schwingungen sind nicht wie die Ampereströme Gleichströmen vergleichbar,
sondern Wechselströmen hoher Frequenz, keine Rotationen eines Atoms mit
einem daran sitzenden Elektron, sondern Pulsationen oder andere schwingende
Bewegungen. Über Elektronentheorie vergleiche man den Aufsatz von
MAHLER, *Zeitschr.* **22**, Heft 2.

III. Die Geschwindigkeit der Elektrizität.

A. Die Fortpflanzungsgeschwindigkeit.

Die Besprechung der Schallgeschwindigkeit oder der Lichtgeschwindigkeit im physikalischen Unterricht ist mit keinen Schwierigkeiten verknüpft; es handelt sich um Tatsachen, die in sich abgeschlossen und durch exakte Versuche begründet sind. Die Darstellung dieser Probleme in den Lehrbüchern ist im großen und ganzen gegeben. Nicht ganz so feststehend ist die Behandlung der Fortpflanzungsgeschwindigkeit der Elektrizität und anderer Geschwindigkeitsprobleme in der Elektrizitätslehre. Mancher Lehrer wird derartige Sachen überhaupt nicht behandeln, schon deswegen nicht, weil bei der großen Fülle des Lehrstoffes nicht alles behandelt werden kann. Andererseits kann es aber angemessen erscheinen, gelegentlich einmal auch ein Geschwindigkeitsproblem aus der Elektrizitätslehre ausführlich zu behandeln.

Die Lehrbücher verhalten sich in dieser Frage verschieden. Ich will die Angaben aus Poskes Oberstufe der Naturlehre (Viewegs Verlag 1907) über unsern Gegenstand hier erwähnen. Poskes Buch eignet sich besonders deswegen zur Anknüpfung etwaiger Bemerkungen über ein physikalisches Problem, da es infolge der bekannten Stellung des Verfassers als Redakteur der Zeitschr. f. d. phys. u. chem. Unterricht als ein Generalstabswerk, wie es ein Kritiker genannt hat, angesehen werden kann und durchaus den gegenwärtigen Stand der Anschauungen und des Wissens auf diesem Gebiete wiedergibt. Poske schreibt: „Die Ausbreitungsgeschwindigkeit der elektrischen Wellen ist ebenso groß wie die des Lichtes, $c = 300000$ km sec^{-1}. Schon Wheatstone hatte 1834 die Fortpflanzungsgeschwindigkeit der Elektrizität in einem Kupferdraht zu 430000 km sec^{-1} bestimmt. Siemens fand 1876 nach einer anderen Methode die Geschwindigkeit im Eisendraht 240000 km sec^{-1}. Bei diesen Versuchen spielt aber auch die Kapazität der Drähte und ihre allmähliche Ladung und Entladung eine Rolle, während erst die Zahl 300000 den wirklichen Wert der Ausbreitungsgeschwindigkeit darstellt. Hertz fand anfänglich bei den in Nr. I beschriebenen Versuchen nur 281000 km sec^{-1}, andere Forscher bestimmten die Zahl dann genauer." Mit diesem Hertzschen Versuche ist der klassische Nachweis der Reflexion an einer entfernten Metallwand gemeint, bei dem HERTZ mit Hilfe eines Resonators Knoten und Bäuche, also stehende Wellen feststellte; nun ist $v = n\,\lambda$, wobei n aus der Formel $1/n = T = 2\,\pi\sqrt{LC}$ berechenbar war, während der Abstand zweier Knoten $\lambda/2 = \sim 3$ m gemessen werden konnte.

Es wird, an höheren Schulen wenigstens, kaum möglich sein, diesen von HERTZ im Jahre 1888 ausgeführten Versuch im Unterricht experimentell vorzuführen, auch nicht in einer neueren Anordnung mit Benutzung möglichst kurzer Wellen und modernem Empfänger, etwa dem Thermoelement-Empfänger von KLEMENCIC. Die Besprechung des Versuchs genügt vollständig. Man könnte auch einige andere Bestimmungen erwähnen. Versuche mit LECHERS Versuchsanordnung, mit SEIBTscher Spirale und dergl. werden ja heute schon an vielen Schulen ausgeführt, BLONDLOTS Erreger ist im Besitz mancher Anstalten. Bei derartigen Versuchen ist der Hinweis am Platze, daß man die gemessenen Wellenlängen zur Bestimmung der Geschwindigkeit der Elektrizität in Drähten benutzen kann. E. LECHER hat in Wien *(Sitzungsberichte d. kais. Akad. d. Wiss.; math.-nat. Kl., Bd. XCIX, Abt. II Apr. 1890)* eine Studie über Resonanzerscheinungen erscheinen lassen, welche die erwähnte LECHERsche Versuchsanordnung enthält; weiter heißt es darin: „Ich fand für die Geschwindigkeit der Elektrizität in Drähten fast genau den Wert der Lichtgeschwindigkeit, wie dies ja auch die MAXWELLsche und alle sonstigen Theorien fordern." „Daraus folgt, daß die elektrische Schwingung nicht nur in der Luft, wie dies ja von HERTZ so schön und überzeugend gezeigt, sondern auch im Drahte mit Lichtgeschwindigkeit sich fortpflanzt." HERTZ hatte hierfür nämlich nur etwa 200000 km sec^{-1} erhalten. Zu demselben Resultate gelangte, schreibt LECHER, auch J. J. THOMSON *(Proc. of Royal Society of London, Vol. XLVI, p. 11, 1889)*; mir scheint aber seine ganze Anordnung nicht einwurfsfrei und auch die Fehlergrenze (2 Fuß auf 10 m) zu groß, als daß seine Messung irgendwie zur Entscheidung obiger Frage herangezogen werden könnte."

In dem letzten Jahrzehnt des vorigen Jahrhunderts ist durch DRUDE besonders und BLONDLOT die LECHERsche Anordnung so verbessert durch die Verkleinerung der benutzten Wellenlängen, daß auch die Geschwindigkeit der Elektrizität in Drähten untersucht werden kann, die in Öl, Wasser oder dergl. eingebettet sind. Dadurch ist die Messung von Brechungsexponenten und Dielektrizitätskonstanten ermöglicht. Eine derartige Bestimmung eines Brechungsexponenten für elektrische Wellen durch Vergleich der Wellenlängen wird neuerdings in einigen gut eingerichteten Schulen ausführbar sein, eine Bestimmung der Fortpflanzungsgeschwindigkeit selbst wird aber wohl kaum in Frage kommen; man wird bei Erwähnung der Tatsache der Ausführbarkeit einer solchen Messung sich damit begnügen, umgekehrt unter Benutzung der Größe $v = 300000$ km beim Messen der Wellenlängen nach LECHER, DRUDE oder BLONDLOT die Schwingungszahl der benutzten Wellen aus $v = n\,\lambda$ zu berechnen. — BLONDLOT bestimmte übrigens die

Schnelligkeit, mit der sich die Entladung einer Leidener Flasche in einem Drahte aus Kupfer von 1800 m Länge fortpflanzte, zu $298\,000$ km sec^{-1}.

Demonstration der Geschwindigkeit in Paraffin, Öl und dergl. Die Möglichkeit einer derartigen Demonstration nach [der von Drude und Blondlot verbesserten Lecherschen Methode ist schon besprochen worden. Nicht oder wenig bekannt scheint folgende für den Unterricht geeignete Methode zu sein. Benutzt wird hierbei die in Fig. 26 und 53 skizzierte Anordnung, in der ein Oudinscher Resonator mit galvanisch gekoppelter Resonanzspule Sp_1 die Hauptrolle spielt. Es ist schon oben erwähnt, daß durch Umhüllen der Spule Sp_1 mit zwei passenden Hohlformen aus Paraffin die an der Ausstrahlung aus dem Knopf kenntliche Resonanz gestört wird. Man muß durch Drehen an dem Oudinschen Resonator die Selbstinduktion in dem Erreger-Schwingungskreis vergrößern, um wieder Resonanz zu erzielen. Berücksichtigt man die Gleichungen $T = 2\,\pi\,\sqrt{LC}$ und $v = n\,\lambda = 1/T \cdot \lambda$, so ist sofort klar, daß T größer und v kleiner geworden ist.

Zur ungefähren Bestimmung eines Brechungsexponenten für elektrische Wellen benutze ich zwei Resonanzspulen von 20 und 29 cm Länge, die von Schülern auf Gaslampenzylindern gleichen Durchmessers aus 0,2 mm dickem Kupferdraht in einer Lage gewickelt sind. Die kürzere Spule, die senkrecht aufgestellt ist, zeigt als Resonanzspule Sp_1 bei passender Stellung des Oudinschen Resonators an der Spitze (Stecknadelkopf) das Maximum der Ausstrahlung zunächst in Luft, dann (bei veränderter Stellung des Resonators) in einem Glasgefäße mit Petroleum, wobei nur der Knopf frei bleibt; die längere Spule, welche ganz gleichartig gewickelt ist, zeigt das Maximum der Ausstrahlung in Luft bei derselben Stellung des Resonators wie die kürzere in Petroleum. Durch Vergleich der Längen beider Spulen hat man ein Maß für den Brechungsxponenten des Öls. Die Geschwindigkeit der elektrischen Wellen in diesem Medium ist also nur etwas über 200000 km. Der Versuch ist leicht ausführbar, das Maximum der Ausstrahlung ist allerdings nicht ganz scharf zu bestimmen und auch nicht weit sichtbar; es empfiehlt sich, eine Holtzsche Doppeltrichterröhre, mit nicht zu engen Ventilen, in einiger Entfernung von der Spule senkrecht auf den Tisch zu stellen und an deren Leuchten die erzielte Resonanz zu zeigen. Eine ähnliche Spule von 13,5 cm Länge spricht bei derselben Resonatorstellung in Rizinusöl an. Mit einer Spule von 3,2 cm Länge in destilliertem Wasser habe ich keine guten Resultate erzielt, da die Ausstrahlung zu gering wird, nur eine angehängte kleine Geisslersche Röhre beginnt bei derselben Resonatorstellung zu leuchten; das Vorhandensein eines Maximums trat nicht scharf hervor. Der in einer Glasröhre auf den Grund des Gefäßes geführte Zuleitungsdraht muß von der Spule einigen Abstand haben. Die nebeneinander gestellten Spulen von 29; 20; 13,5 und 3,2 cm veranschaulichen die relative Geschwindigkeit von elektrischen Wellen in Luft, Petroleum,

Rizinusöl und Wasser, die absoluten Geschwindigkeiten sind 10^9 mal so groß. Spulen ungleicher Länge in verschiedenen Medien, eine als Sender, die andere als Empfänger von Wellen, können natürlich auch zur Resonanz gebracht werden.

Versuch von Trowbridge und Duane. In neueren Büchern, z. B. Starke, *Exp. Elektrizitätslehre*, wird ein Versuch von Trowbridge und Duane erwähnt; diese Forscher haben mit einem äußerst schnell rotierenden Spiegel den Entladungsfunken eines kleinen Kondensators nach Art von Feddersen auflösen und noch Schwingungsdauern von einem Zwanzigmilliontel einer Sekunde messen können. Der zu einer Schwingungsdauer von 2 Zehnmilliontel Sekunde gehörige Abstand zweier Knoten war rund $28^1/_2$ m, also die Wellenlänge 57 m. Die Fortpflanzungsgeschwindigkeit ergibt sich daraus $v = n\,\lambda = 5.10^6 \cdot 5700$ cm/sec $= \sim 3.10^{10}$ cm/sec. Diese Methode der Bestimmung der Geschwindigkeit der Elektrizität wird auch Schülern der oberen Klassen verständlich gemacht werden können; für Schulbücher, die eine derartige Bestimmung überhaupt bringen wollen, würde sie daher wohl in erster Linie in Frage kommen.

Historische Übersicht. Recht lehrreich könnte gelegentlich eine geschichtliche Behandlung unseres Problems sein, da sie zeigt, welch ungeheure Menge von Arbeit und Scharfsinn aufgewandt worden ist, bis man zu einem endgültigen Ergebnis gelangte, das aber auch vielleicht nicht für alle Fälle paßt. — Watson beobachtete schon 1748, wie P. Reis angibt, daß ein in einem 400 m langen Schließungsbogen eingeschalteter Mensch den Schlag zu derselben Zeit empfindet, wie er den Funken sieht, daß demnach dieser Weg in unmeßbar kleiner Zeit zurückgelegt wird. — Wheatstone *(Phil. Transactions f. th. y. 1834 u. Pogg. Ann.* **34)** fand etwa 465 000 km für die Geschwindigkeit der Elektrizität in 2 je 402 m langen Kupferdrähten, die größte Geschwindigkeit, die uns auf Erden bekannt ist, wie P. Reis in seinem Physikbuch (1890, Seite 624) schreibt. Wheatstones Anordnung ist in vielen Büchern z. B. Wüllner, enthalten, braucht also hier nicht erwähnt zu werden. In wissenschaftlichen Arbeiten über unsern Gegenstand findet man Bemerkungen darüber, daß diese Methode, die sicher kein richtiges Ergebnis gehabt haben kann, überhaupt in die Schulbücher aufgenommen ist, da die Kapazität des Drahtes nicht berücksichtigt und der zu messende Winkel nicht genau genug bestimmt ist; die Berücksichtigung der Kapazität würde übrigens ein noch etwas größeres Resultat ergeben haben. Ich finde die Kritik nicht ganz berechtigt, die Methode ist recht anschaulich; auch wenn das Ergebnis nicht als ein endgültiges zu betrachten ist, gebührt Wheatstone das Verdienst, die Frage in Fluß gebracht zu haben; der Versuch ist trotz mancher Mängel als ein klassischer zu bezeichnen.

Literaturangaben über die zwischen Wheatstone und Hertz *(Wied. Ann.* **34**, 559; 1888) liegenden Bestimmungen findet man z. B. in Winkelmanns *Handbuch der Physik* (Breslau 1893, III 2) und in der Arbeit Hagenbachs *über Fortpflanzung der Elektrizität in Telegraphendrähten (Wied. Ann.* **29**, 377; 1886)·

Freie Drähte.

	km	sec	km sec^{-1}	km^2 . sec^{-1} : 10^5
Wheatstone	0,8	0,00 000 174	460 000	—
Fizeau u. Gounelle .	314	0,003 085	—	319
Walker	885	0,02 943	30 000	266
Mitchel	977	0,02 128	46 000	449
Gould u. Walker . .	1681	0,07 255	23 000	392
Guillemin	1004	0,028	36 000	360
∫ Plantamour	132,6	0,00 895	—	—
∣ Hirsch	23,37	0,0 001 014	230 000	—
Siemens u. Frölich .	3,7	0 0 000 153	242 000	—
Löwy u. Stephan . .	863	0,024	36 000	310
Albrecht	1230	0,059	20 000	256
Hagenbach	284,8	0,00 176	160 000	461
Hertz	—	—	200 000	—
J. J. Thomson	—	—	300 000	—

Nicht unerwähnt dürfen die bekannten Beobachtungen über erhebliche Verzögerung der Elektrizität beim Telegraphieren in Kabeln bleiben; diese wirken wie lange Leidener Flaschen; daraus entstanden anfänglich Schwierigkeiten beim Telegraphieren.

Messungen an Kabeln.

	km	sec	km sec^{-1}	km^2 . sec^{-1} : 10^5
Airy	434 5	0,109	4000	18
Faraday	2413,5	2	1200	29
Whitehouse	801,3	0,79	1000	8
Varley	434,4	0,0525	8300	36
Albrecht	305	0,053	6000	18
Frölich	796	0,300	2650	21
Löwy u. Stephan . .	926	0,233	4000	37

Die Schwierigkeiten beim Telegraphieren in Kabeln sind bekanntlich besonders durch W. Thomson (Lord Kelvin) behoben worden. Ramsay schreibt darüber in „Vergangenes u. Künftiges a. d. Chemie" (deutsch v. Ostwald, 1909, S. 140): „In den Jugendjahren der Kabeltelegraphie versuchte man die Geschwindigkeit der aufeinander folgenden Zeichen durch recht starke Ströme zu erzwingen; doch zeigte Kelvin, daß gerade umgekehrt schwache Ströme neben empfindlichen Instrumenten die Schwierigkeit heben." — In Treutleins Logarithmen-Tafel wird als Geschwindigkeit der Telegraphie 12 000 km angegeben.

Sind nun all diese Arbeiten, die zwischen Wheatstone und Hertz liegen, durch die späteren Arbeiten wertlos geworden? Namen von bestem Klange haben sich an unserem Problem versucht. Fizeau, der auch die Lichtgeschwindigkeit bestimmt hat, berechnete aus seinen mit Gounelle ausgeführten Beobachtungen eine Geschwindigkeit von 178 000 km in Kupferdrähten und von 102 000 km in Eisendrähten, glaubte also einen gewissen Einfluß des Widerstandes festgestellt zu haben. W. Siemens (*Pogg. Ann.* **157**, 322; 1875) schreibt allerdings dazu, daß diese von Fizeau gefundene Verschiedenheit „noch nicht als konstatiert anzusehen ist". — In Winkelmanns Handbuch (1893, III, 2, 185) wird als Ergebnis hingestellt: „Während Schall und Licht eine bestimmte Fortpflanzungsgeschwindigkeit haben, ist dies unter gewissen Umständen (und ebenso beim Wärmestrom) nicht der Fall, vielmehr würde man hier, eine bestimmte Fortpflanzungsgeschwindigkeit voraussetzend, einen desto kleineren Wert für sie finden, je länger man die zu ihrer Ermittelung dienende Leitungsbahn wählt." Dieses interessante Resultat fand A. A. Hagenbach; für Kabel haben Frölich und auch Varley dies Gesetz bestätigt gefunden. Hagenbach schreibt (*Wied. Ann.* **29**, 382; 1886): „Es erwies sich also die zu bestimmende Zeit unabhängig von der Stromstärke und der Größe der Potentialdifferenz." Die Ladungszeit ist von der absoluten Größe des Potentials unabhängig und für verschiedene Drähte proportional dem Quadrate der Drahtlänge (man vergleiche die Tabellen), der Einheitskapazität und dem Einheitswiderstande." „Aus dem Zusammenhange zwischen Drahtlänge und Ladungszeit kann nicht unmittelbar geschlossen werden auf die Strömungsgeschwindigkeit der Elektrizität, die im stationären Strom stattfindet. Nimmt man z. B. das Webersche elektrodynamische Grundgesetz an, so folgt daraus eine für alle Ströme konstante Strömungsgeschwindigkeit der Elektrizität, die gleich ist dem Verhältnis der elektromagnetischen und elektrostatischen Stromeinheit; eine Größe, die bekanntlich auffallend nahe der Lichtgeschwindigkeit liegt." — Dressel vertritt in seinem *Lehrbuch der Physik* (1900; S. 530 u. 531) die Ansicht, daß die Geschwindigkeit, mit der eine elektrische Störung in einem Drahte sich fortpflanzt, nicht unter allen Umständen gleich sein kann. Sie ändert sich mit der Art der elektrischen Erregung und für gewisse Arten der Erregung auch mit der Kapazität und dem Widerstande der Bahn.

Nach Faraday (1853) rühren die verschiedenen Resultate davon her, daß die Elektrizität von dem umgebenden Medium eine verschiedene Verzögerung erfährt. Maxwells Theorie (1865) beruht auf Faradays Vorstellungen. Hertz schreibt (*Wied. Ann.* **36**, 20; 1889): „Unter einem vollkommenen Leiter versteht man nach Maxwell einen solchen, in dessen Innern stets nur verschwindend kleine Kräfte auftreten können. Es folgt, daß sich in gut leitenden Drähten elektrische Wellen mit Lichtgeschwindigkeit ausbreiten müssen. Dürfen wir indessen unseren Versuchen nur ein weniges trauen, so ist dies Resultat unrichtig, die Ausbreitung geschieht mit einer viel geringeren Geschwindigkeit." HERTZ fand die Geschwindigkeit der Elektrizität in Drähten gänzlich unabhängig von der Natur des Drahtes, Dicke oder Querschnitt desselben; der Widerstand spielt jedenfalls keine Rolle. Da spätere Forscher nun 300 000 km als Geschwindigkeit der Elektrizität in Drähten bestimmten, z. B. LECHER, so wird die Geschwindigkeit der Elektrizität ganz allgemein der Lichtgeschwindigkeit gleichgesetzt.

Die Fortpflanzung elektrischer Wellen in Luft oder von elektrischen Schwingungen an Drähten geschieht mit rund 300000 km Geschwindigkeit. Fließt der von einigen DANIELLschen Elementen gelieferte Gleichstrom durch eine Telegraphenleitung mit derselben Geschwindigkeit? Fließt durch eine Kohlenfadenglühlampe, die mit Gleichstrom von 110 Volt gespeist wird, die Elektrizität mit Lichtgeschwindigkeit? Der experimentelle Nachweis dafür fehlt bisher. Die leitenden Körper werden hierbei in ihrem ganzen Querschnitt von der Elektrizität durchflossen. Was hat die Geschwindigkeit eines solchen Gleichstroms mit der Geschwindigkeit elektrischer Wellen in Luft zu tun? Es ist denkbar, daß dazwischen ebenso wenig ein Zusammenhang besteht wie zwischen der Wärmestrahlung, die mit 300 000 km Geschwindigkeit sich ausbreitet, und der Wärmeleitung in Metallstäben, die recht langsam ist und je nach der Natur des Leiters verschieden schnell erfolgt. Elektrische Wellen und Wärmestrahlung sind verwandte Erscheinungen, Wärmeleitung und Elektrizitätsleitung desgleichen.

Zum Verständnis mancher hier behandelter Fragen, die auch heute noch nicht in jeder Hinsicht erschöpfend behandelt sind, ist zu bemerken, daß vielfach dabei eine irrige Vorstellung mit hineingespielt hat, die auch neuerdings noch vertreten wird; ebenso wie der Sitz der ruhenden Elektrizität nur die Oberfläche der Körper ist, soll auch die fließende Elektrizität sich nur an der Grenze zwischen Leiter und umgebendem Isolator bewegen, die sogenannten Leiter sind angeblich absolute Nichtleiter. So schreibt Prof. J. PERRY in seinem Buche „Drehkreisel", deutsch von WALZEL (Teubner 1904, S. 54): „Sobald Männer der Wissenschaft ihre Entdeckungen zu popularisieren versuchen, sagen sie oft, um die Tatsachen recht klar zu machen, kleine Unwahrheiten. Die Elektriker sagen den Leuten, daß die elektrische Kraft durch die Drähte fortgepflanzt wird, während sie sich tatsächlich durch jeden andern Raum fortpflanzt als jenen, den die Drähte einnehmen." Man vergleiche auch GRÄTZ, „Die Elektrizität", 6. Aufl. S. 255 u. 256. Wenn diese Ansichten auch für Gleichstrom richtig wären, könnte man ja schlechthin von „der" Geschwindigkeit der Elektrizität sprechen, eben der Geschwindigkeit in Luft (300 000 km); und es wäre richtig, die verschiedenartigen älteren Ergebnisse allein durch die Verschiedenheit des umgebenden Mediums zu erklären.

Es bestehen natürlich Übergänge zwischen der Fortpflanzung elektrischer Wellen in Luft und der Ausbreitungsgeschwindigkeit der Elektrizität in Drähten. Bekanntlich haben elektrische Schwingungen in Drahtsystemen bei den Anordnungen von Lecher, Drude und Blondlot verschiedene Wellenlängen in Luft, Öl, destilliertem Wasser usw. Dabei ist sicher der Einfluß des Mediums im Sinne von Faraday in erster Linie maßgebend, der Einfluß des Drahtinnern ist ohne Bedeutung. Es läßt sich zeigen, daß bei Hochfrequenzschwingungen eine Bevorzugung der Oberfläche im Vergleich zum Innern stattfindet, siehe *Zeitschr.* 21, 364. Trotzdem ist es mir persönlich schwer geworden, mir vorzustellen, daß die Natur der Drähte hierbei ganz ohne Einfluß sein soll. Fließt die Elektrizität bei Hochfrequenzströmen auch vornehmlich auf der Oberfläche, so bewegt sie sich doch sicher im Draht, wenn auch in dessen äußeren Schichten, die dabei erwärmt werden. Trotzdem läßt sich nicht leugnen, daß bei Schwingungen hoher Frequenz an der Oberfläche von Drähten der Einfluß des Drahtes auf die Geschwindigkeit der Elektrizität von keiner Bedeutung ist. Nicht erledigt ist damit die Frage nach der Geschwindigkeit gewöhnlichen Gleichstroms im Innern eines Drahtes.

Die Beobachtungen von Fizeau und anderen, die einen gewissen Einfluß des Widerstandes auf die Fortpflanzung der Elektrizität konstatierten, könnten eine tatsächliche Unterlage haben. Ebenso scheint richtig zu sein, was von manchen Seiten ermittelt ist, daß die Geschwindigkeit in langen Drähten kleiner als in kurzen gefunden wird. Ein großer Teil der beobachteten Verschiedenheiten rührt vielleicht davon her, daß bei manchen Experimenten die Elektrizität nur an der Oberfläche, bei anderen auch mehr oder weniger tief im Innern des Leiters floß. Hertz und Lecher sprechen in ihren Abhandlungen immer von Geschwindigkeit der Elektrizität „in“ Drähten, experimentell bestimmt haben sie nur die Geschwindigkeit „an“ Drähten, d. h. an der Oberfläche derselben. Beim Schließen eines Gleichstroms soll der Strom auch zunächst nur auf der Oberfläche verlaufen, worauf auch Hertz und Stefan schon aufmerksam gemacht haben; es ist eine gewisse Zeit dafür erforderlich, daß der Strom ins Innere „diffundiert“. Es scheint daher der geringere Betrag für die Elektrizitätsgeschwindigkeit in längeren Leitungen auch dadurch verursacht zu werden, daß infolge der größeren Zeitdauer des Experiments die Elektrizität in größere Tiefen des Drahtes eindringt und nicht bloß in einer unendlich dünnen Schicht an der Oberfläche fließt. Nähere Angaben darüber fehlen in den mir zugänglichen Arbeiten. Mag man die Fortpflanzung der Elektrizität zu der Leitung der Wärme in Metallen oder zur Fortpflanzung des Lichts in Parallele stellen, im Innern der Metalle müßte die Geschwindigkeit von der Natur des Metalls abhängig sein; auch das Licht hat nach Kundt (*Wied. Ann.* 34, 469; 1888 u. 36, 824; 1889) in verschiedenen Metallen verschiedene Geschwindigkeit. Sollte aber Fizeaus Beobachtung unrichtig sein und die Fortpflanzungsgeschwindigkeit der Elektrizität auch im Innern eines jeden Metalls 300 000 km betragen wie im leeren Raum, so würden daraus Schlüsse zu ziehen sein, die bei der Geschwindigkeit der Elektronen weiter unten besprochen werden sollen.

MAXWELLS Theorie hat vielleicht auch Lücken, man vergleiche W. WIEN, „Über Elektronen" (Teubner, 1909, S. 8). H. HERTZ schreibt (*Wied. Ann. 36, 21; 1889*): „Irre ich nicht, so vermag auch hiervon die MAXWELLsche Theorie für gute Leiter keine Rechenschaft zu geben." Theoretisch ist die Fortpflanzung der Elektrizität auch von G. KIRCHHOFF (*Pogg. Ann. 100, 193 u, 102, 529; 1857*) behandelt worden. In Drähten von sehr kleinem Widerstande erfolgt die Fortpflanzung einer elektrischen Welle wie beim Schall und Licht, und zwar mit Lichtgeschwindigkeit, in Drähten mit großem Widerstande erfolgt sie wie bei der Wärmeleitung; siehe auch HAGENBACH, *Wied. Ann. 29, 401.* KIRCHHOFF schreibt in seiner letzten Abhandlung: „Man ersieht aus dieser Gleichung sehr deutlich, daß also im allgemeinen auch im Innern des Leiters sich freie Elektrizität befindet. Es ist wohl wahrscheinlich, daß bei den sogenannten mechanischen Wirkungen des Entladungsstromes einer Leidener Flasche, z. B. dem Zerstäuben eines freien Drahtes, diese im Innern befindliche freie Elektrizität eine wesentliche Rolle spielt." Es erinnert das schon in mancher Hinsicht an die freien Elektronen, deren Vorhandensein im Innern der Drähte bei elektrischen Strömen durch DRUDE (1900) wahrscheinlich gemacht worden ist. KIRCHHOFFS Theorie scheint den Tatsachen gerecht zu werden, da sie sich nicht auf ideale Leiter beschränkt. Es könnte tatsächlich zwei verschiedene Arten der Fortpflanzung der Elektrizität in Drähten geben, eine wellenförmige an der Oberfläche mit 300000 km Geschwindigkeit und eine langsamere im Innern der Drähte, die an die Wärmeleitung erinnert. Jedenfalls ist die Telegraphiergeschwindigkeit selbst in Freileitungen nicht 300000 km, unter gewissen Umständen kann sie recht gering erscheinen. Auch die Ausbreitungsgeschwindigkeit der Elektrizität von der Oberfläche der Drähte ins Innere hinein erfolgt nicht mit der Geschwindigkeit des Lichtes in Luft und ist bei den einzelnen Leitern verschieden.

Einfache Versuche zur Demonstration der großen Fortpflanzungsgeschwindigkeit der Elektrizität sind wenige vorhanden. Man kann die rund 60 km lange Sekundärspule eines Induktors zwischen zwei gleiche, empfindliche Vertikalgalvanoskope schalten. Schickt man den Strom des elektrischen Anschlusses durch die in Serie geschalteten Apparate, so sieht man, daß die beiden Stromanzeiger augenblicklich auf das Schließen und Öffnen des Stromes reagieren.

Scheinbare Verzögerung der Elektrizität durch Kapazität. Die Erscheinung läßt sich demonstrieren, obwohl lange Kabel fast nie zum Experimentieren zur Verfügung stehen. Man wähle 3 Kohlenfadenglühlampen *A. B* und *C* von 110 Volt mit recht dünnem Faden aus, die genau gleich sind, so daß sie beim Hindurchschicken eines Stromes von 220 Volt Spannung zugleich aufleuchten, wenn die Lampen in Serie geschaltet sind. Wird aber ein Papierkondensator von möglichst viel Mikrofarad Kapazität parallel zu *B* geschaltet, wobei eine Belegung mit dem Verbindungsdraht *A B*, die andere mit dem zwischen B und C verbunden ist, so leuchtet B beim Einschalten des Stromes später auf als A und C. Die Lampen können auf einem Stativ senkrecht übereinander angeordnet und im rotierenden Spiegel betrachtet werden. Bei wiederholtem schnellen Einschalten und Ausschalten in passendem Tempo kann man es erzielen, daß A und C beständig leuchten, B aber nicht.

Da hierbei der angehängte Kondensator zu sehr den Eindruck eines parallel geschalteten Widerstandes macht, kann man auch je einen großen Papierkondensator an den Verbindungsdraht AB und BC anlegen, wobei die freien Belegungen der Kondensatoren geerdet werden müssen. — In ähnlicher Weise können 3 Glühlampen von 36 Volt mit Benutzung des 110-Volt-Leiters und der Erdleitung in Serie geschaltet und je ein großer Kondensator an die Verbindungsdrähte der Lampen gehängt werden; sind die zweiten Belegungen der Kapazitäten geerdet, so leuchten die Lampen beim Einschalten des Stromes nacheinander auf. Beim umgekehrten Hindurchschicken des Stromes müssen auch die Lampen in umgekehrter Reihenfolge aufleuchten. Die benutzten Papierkondensatoren sind von recht kleinem Format und für 3,25 M. bei 2 Mikrofarad von Mix & Genest in Berlin zu beziehen. Selbst große Batterien sind also nicht unerschwinglich teuer.

Der erste der soeben beschriebenen Versuche würde noch eindrucksvoller sein, wenn die benutzten Papierkondensatoren noch eine dritte Anschlußklemme besäßen. Die Kondensatoren sind rollenförmig, also keine Blattkondensatoren; in breiter Bandform sind Papier/Stanniol/Papier/Stanniol zu einer Rolle aufgewickelt. Würde Anfang und Ende eines Stanniolbandes mit je einer Anschlußklemme versehen sein, so würde ein Strom durch diese Belegung hindurchgeschickt werden können; da die zweite Belegung geerdet werden kann, so würde man einen Widerstand erhalten, der große Kapazität besitzt und dabei klein und handlich ist; ein derartiger Apparat würde die Kapazität von etwa 10 km Kabellänge ersetzen. Die Glühlampen A und C würden in gewisser Weise den äußeren Funkenstrecken des WHEATSTONEschen Versuchs, B der mittleren entsprechen, während die Drähte dazwischen durch je eine Gruppe unserer Kapazitätswiderstände ersetzt sind. Als scheinbare Fortpflanzungsgeschwindigkeit der Elektrizität in diesen plattenförmigen Leitern erhält man wie in Kabeln kleine Werte.

Mit Differentialgalvanoskop (leicht bewegliche Nähnadel und vertikaler Strohhalmzeiger!) und Kondensatoren oder Kapazitäts-Widerständen, die mir leider nicht zur Verfügung standen, lassen sich ähnliche Versuche anstellen. Die eine Wickelung, eine Glühlampe und die zweite Wickelung werden in Serie geschaltet; beim Einschalten des Stromes erfolgt kein Ausschlag, wohl aber, wenn ein großer Kondensator an passender Stelle angehängt oder ein Kapazitätswiderstand noch vor die Glühlampe geschaltet ist; ist die zweite Belegung der Kondensatoren geerdet, so wird die sonst so geschwinde Elektrizität aufgehalten. Ich benutzte Kondensatoren bis zu 40 MF bei den Versuchen.

Eine etwaige Demonstration des Einflusses der Kapazität auf die scheinbare Fortpflanzungsgeschwindigkeit der Elektrizität regt natürlich zum Vergleich mit einer ähnlichen Erscheinung in der Wärmelehre an. In fast allen höheren Schulen wird heute mit LOOSERS Doppelthermoskop gezeigt, daß eine Kupferplatte die Wärme scheinbar schlechter leitet als eine gleiche Bleiplatte beim Draufsetzen kleiner Eimer mit heißem Wasser; ein Versuch, bei dem die große Wärmekapazität des Kupfers zur Erklärung herangezogen werden muß, ein Versuch, der auch wohl als Vergleich beim Impedanzversuch benutzt wird, bei dem ein dicker Kupferbügel scheinbar schlechter leitet als eine Glühlampe.

B. Zeitkonstante.

An das Problem des allmählichen Eindringens der Elektrizität von der Oberfläche ins Innere eines Leiters, welches im letzten Abschnitt berührt wurde, schließt sich ein ähnliches Geschwindigkeitsproblem oder genauer Zeitproblem unmittelbar an, nämlich das allmähliche Anwachsen der Stromstärke beim Schließen eines Stromes. Seit FARADAY sind die sogenannten Extraströme beim Öffnen und Schließen bekannt. Der Strom hat nicht sofort nach dem Einschalten momentan seine endgültige Stärke. Beim Öffnen ist das Bestreben vorhanden, den Strom zu verlängern; Öffnungsfunke; es sind Kunstgriffe nötig, um beim Öffnen den Strom möglichst schnell verschwinden zu lassen. Das alles ist schon von FARADAY als Trägheitserscheinung aufgefaßt worden, die auch zeigt, daß die Elektrizität Zeit für die Bewegung beansprucht und nicht momentan aus der Ruhe in die Bewegung oder aus der Bewegung in die Ruhe übergehen kann. Potentielle Energie des Feldes (GRIMSEHLS Lehrbuch § 438 u. 439).

Die Extraströme können nicht nur experimentell, sondern auch rechnerisch leicht verfolgt werden. An Oberrealschulen wäre vielleicht gelegentlich einmal eine Behandlung der HELMHOLTZschen Differentialgleichung denkbar, die z. B. in der höheren Mathematik von J. W. MELLOR (deutsch von WOGRINZ u. SZARVASSI, Berlin, Springers Verlag, 1906) Seite 247 behandelt ist; $E = i w + L \dfrac{di}{dt}$. Für $E = 0$ gibt die Lösung $J = J_0 . e^{-\frac{W t}{L}}$ eine Darstellung des Öffnungsextrastromes; für $E = const$ ist in der Lösung $i = \dfrac{E}{W}\left(1 - e^{-\frac{W}{L} t}\right)$ der Schließungsextrastrom durch das zweite Glied $-\dfrac{E}{W} e^{-\frac{W t}{L}}$ dargestellt. Ebenso ist die Gleichung in PERRY, Höhere Analysis für Ingenieure (deutsch von FRICKE & SÜCHTING, Teubners Verlag 1902) Seite 193 und 194, in der Form $V = R C + L \dfrac{d C}{d t}$ behandelt. Zur Veranschaulichung der Lösung $C = \dfrac{V_0}{R} \cdot \left(1 - e^{-\frac{Rt}{L}}\right)$ ist als Beispiel $V_0 = 100$, $R = 1$,

$L = 0,01$ gegeben und gefordert, die Stromkurve (Fig. 59) zu zeichnen, eine als graphische Übung vielleicht auch für den Unterricht geeignete Aufgabe.

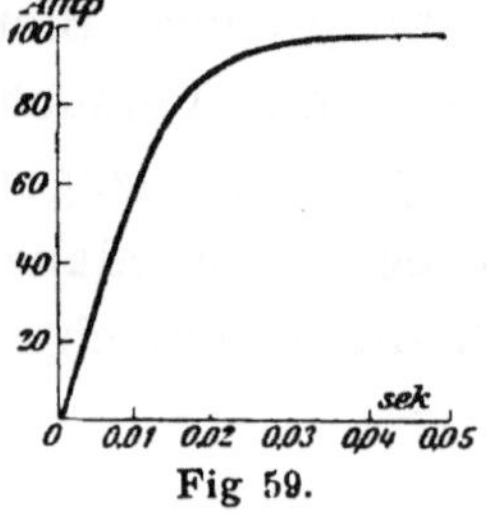

Fig 59.

„Für Leiter mit großer Selbstinduktion, z. B. große Elektromagnete, Dynamomaschinen, hat die Zeitkonstante große Werte. Es kann Minuten dauern, bis nach Stromschluß die Stromstärke ihren definitiven Wert erreicht" (Starke, *Exp. El. 1904, S. 175*).

C. Entladungsgeschwindigkeit.

Bekannte Tatsachen und einfache Versuche. Wheatstone beobachtete durch Versuche mit seinem rotierenden Spiegel, daß die Funkendauer bei Benutzung der Elektrisiermaschine kleiner als $1 : 1\,152\,000$ sec war; größer fand er die Funkendauer von Leidener Flaschen, nämlich 0,000042 sec. Feddersen fand bei Einschaltung größerer Widerstände für die Funkenzeit bei Benutzung eines 9 mm langen Wasserrohres 0,0014 sec und bei 180 mm langem Wasserrohr 0,0183 sec; auch fand er eine Zunahme der Dauer mit der Schlagweite und Größe der Batterie. Bei einer gewissen Kleinheit der Widerstände nahm die Dauer wieder zu, eine Folge der Oszillation.

Ein geladenes Elektroskop wird durch ganz trockenes Papier nicht entladen; bei Berührung mit gewöhnlichem Papier, das in einem geheizten Zimmer gelegen hat, gehen die Blättchen nur langsam zusammen; feuchtes Papier oder irgend ein besserer Leiter entlädt das Elektroskop „momentan". — Berührt man ein geladenes Elektroskop möglichst kurze Zeit mit einem Finger oder auch mit einem geerdeten Draht (flüchtig schlagend), so wird es nicht ganz entladen. Ebenso erhält man beim Laden eines Elektroskops mit dem elektrischen Anschluß bei recht flüchtiger Berührung der Platte mit dem stromzuführenden Drahte nicht sofort den maximalen Ausschlag, bei wiederholter Berührung wird der Ausschlag noch größer.

Ruhende Elektrizität. Führt man einem isolierten Konduktor Elektrizität zu, so verteilt sich diese auf der Oberfläche, ganz wie die Elektrizität sich beim Übergange aus einem guten Leiter in eine schlecht leitende umangreiche Flüssigkeit auf den Elektroden ausbreitet. In Wirklichkeit sucht die Elektrizität von dem Leiter durch die Luft zur Erde oder Umgebung abzufließen; dies erfolgt aber so langsam, daß praktisch die Geschwindigkeit der Elektrizität gleich Null wird; Sitz der ruhenden Elektrizität auf der Oberfläche eines Leiters.

Zündende Wirkung der Funken. Will man Schießpulver durch Funken einer Elektrisiermaschine zur Entzündung bringen, so fliegen bekanntlich die Körner einfach weg; durch Einschalten einer feuchten Schnur in die Entladungsbahn einer großen Leidener Flasche wird die Entladung verzögert und das Pulver entzündet. Ähnlich soll bei Blitzschlägen der Unterschied zwischen zündenden und sogenannten kalten Schlägen in der Geschwindigkeit der Entladung bedingt sein. — Man kann übrigens öfters beobachten, daß der Blitz vom Boden nach den Wolken allmählich emporzusteigen scheint oder umgekehrt herabsteigt, Vorgänge, die gerade noch mit dem Auge verfolgt werden können. Zeit gebraucht auch der Blitz, um seinen Weg zurückzulegen. Blitzphotographien mit bewegter Platte.

Versuche über Funkenzündung. Wird ein geeignetes Blatt Papier zwischen den Zinkkugeln der Funkenstrecke des Teslaprimärkreises schnell hin und her bewegt, so erhält man darin eine Reihe von Löchern, deren Ränder aufgeworfen sind und keine Brandspuren zeigen. Entfernt man nun die Leidener Flaschen, so erhält man runde Löcher mit brandigem Rande, das Papier brennt womöglich ganz auf. Die Funkendauer ist bei diesen Versuchen verschieden, wahrscheinlich auch die Temperatur und der Gehalt an aktivem Sauerstoff in den Funken; die einen sind helleuchtend und schmal, die andern weniger leuchtend und breiter; die Funken unterscheiden sich fast von einander wie die leuchtende und nicht leuchtende Bunsenflamme. — Die zündende Wirkung von Funken spielt heute in der Technik eine bedeutende Rolle, besonders beim Explosionsmotor; die meisten Unregelmäßigkeiten im Betriebe sollen auf Versagen der Funkenzündung beruhen. Die Zündung durch Magnetinduktor oder durch RÜHMKORFFS Induktionsapparat soll sich etwas verschieden verhalten bei gleicher Funkenlänge. Nun kann die zündende Wirkung der Funken von der Wärmemenge abhängig sein, die von den Funken der Umgebung mitgeteilt wird; diese Wärmemenge kann man aber leicht untersuchen, wenn man die kleine Funkenstrecke in ein Glasgefäß verlegt, das durch Ansatz mit einem Thermoskop, etwa von LOOSER, verbunden ist. Bei derartigen Versuchen kann man nun leicht zeigen, daß derselbe Rühmkorff verschiedene Wärmemengen in den Funken entwickelt, je nachdem ob Leidener Flaschen dem Funken parallel geschaltet sind oder nicht. Man kann hierbei die Anzahl der Sekunden beobachten, die erforderlich sind, bis das Thermoskop einen bestimmten Ausschlag zeigt, oder man kann die verschiedenen Ausschläge des Thermoskops in einer bestimmten Anzahl Sekunden beobachten. — Bei einer Versuchsreihe fand ich, daß durch Einschalten von 2 Leidener Flaschen in $2^1/_2$ sec dieselben Ausschläge wie ohne die Flaschen in 5 sec erreicht werden. Schaltet man außer den parallel geschalteten Flaschen noch eine Drahtspirale als Widerstand in Serie mit der Funkenstrecke, so kann man es erreichen, daß dadurch wieder die Wärmeabgabe der Funken verringert wird, so daß auch wieder 5 sec nötig sind, um das gleiche Resultat zu erzielen. — Wird die Funkenstrecke etwas größer gewählt, oder, was dasselbe ist, wird der Primärstrom zum Betriebe des Rühmkorff etwas zu klein bemessen, so erhält man in bestimmter Zeit, 5 oder 10 sec, ohne die Flaschen größere Ausschläge, offenbar weil die Funken beim Vorhandensein der Flaschen zu selten überspringen. Bei der Motorzündung ist übrigens zu beachten, daß die Funken in einem Raum mit einigen Atmosphären Überdruck überspringen, dadurch wird die Funkenlänge an sich schon herabgesetzt oder aber das Entladungspotential erhöht, ähnlich wie der Siedepunkt im Papinschen Topf. — Die Versuche zeigen, daß die Entladungsvorgänge, besonders auch Entladungsgeschwindigkeit und Funkendauer, recht verschieden sein können. Daß für elektrische Schwingungen $T = 2\pi\sqrt{LC}$ ist, erklärt vielleicht auch einige Zündversuche; so wird z. B. Pulver nicht durch kleine Funken einer Elektrisiermaschine, wohl aber eines Induktionsapparates entzündet, da dieser große Selbstinduktion besitzt, wodurch T vergrößert wird. Es ist auch verständlich, daß ein Automobilzünder mit Rühmkorffschem Induktor besser funktioniert, wenn bei richtig bemessener Funkenstrecke ein kleiner passender Kondensator dem Funken parallel geschaltet wird; dabei können allerdings außer der Entladungsgeschwindigkeit auch noch einige andere Punkte eine Rolle spielen, die oben beim Durchschlagen von Papier erwähnt sind. Ferner wird durch Einschaltung des Kondensators die Entladung intermittierend; wird ein Papierstreifen durch die kleine Funkenstrecke eines Induktors gezogen, so erhält man mehr Löcher durch Funken, wenn Leidener Flaschen eingeschaltet sind, als ohne dieselben; man untersucht am besten eine nur einmalige Wirkung des Induktors, also nur „einen“ Funken. Die Flaschen liefern nach H. Schnell (*Zeitschr.* **22**, 239; 1909) eine Reihe von Partialentladungen statt des kontinuierlichen Funkens des Rühmkorff allein. Beim Blitz, der ja auch aus Partialentladungen besteht, erklären sich die häufigen Fehlzündungen, die sogenannten kalten Schläge, auch wohl teilweise daher, daß die Flamme infolge des großen Luftzuges sofort wieder erlischt. Durch die kleinen Funken beim Entladen einer großen Batterie von Papierkondensatoren, die am Anschluß auf 220 Volt geladen wurde, kann man Leuchtgas an der Spitze eines Bunsenbrenners entzünden; eine brennende Bunsenflammme wird aber womöglich zum Erlöschen gebracht.

Versuche mit Papierkondensatoren. a) Induktor und Kondensator in Serie. Wird ein Kondensator von mehreren Mikrofarad, es genügen die billigen auf 500 Volt geprüften von Mix und Genest, am Anschluß auf 110 oder 220 Volt geladen und durch die Primärspule eines Rühmkorff hindurch entladen, so erhält man an den Polen der Sekundärspule Funken. Sind die Pole des Induktoriums durch eine Holtzsche Doppeltrichterröhre verbunden, so leuchten beide Hälften. Die Stromkurve der Kondensatorentladung besteht in der Hauptsache aus einem steil aufsteigenden und einem ähnlichen absteigenden, aber langsamer ausklingenden Teil. Zieht man ein Stück Papier durch die kleine Funkenstrecke der Sekundärspule, so erhält man zwei Löcher; sind Leidener Flaschen der Funkenstrecke parallel geschaltet, so erhält man natürlich mehr Löcher. Durch das Laden des Kondensators werden auch beide Zweige der Holtzschen Röhre zum Leuchten gebracht; die Stromkurve ist also ähnlich wie vorher, wenn beim Laden kein Vorschaltwiderstand benutzt wird.

Wird eine größere Selbstinduktion bei der Entladung eingeschaltet, so wird die am Induktor erzielte maximale Funkenlänge kürzer. Bei einem Versuch mit 5 MF, die auf 200 Volt geladen wurden, konnte durch Einschalten eines Toroids, eines ringförmigen Elektromagneten, in die Entladungsbahn die Funkenlänge von 3 cm auf 1 cm herabgedrückt werden. Die Erscheinung läßt sich nur so erklären, daß die Zeit der Entladung erheblich länger geworden ist; die entladene Elektrizitätsmenge ist dieselbe gewesen, 1 : 1000 Coulomb. Die Induktion ist der Änderung der Stromstärke in der Zeiteinheit proportional, die Stromkurve des Entladestromes des Kondensators ist weniger steil als vorher gewesen, d. h. die Entladezeit war größer. Die Elektrizität fließt also nicht momentan durch einen Draht, das Solenoid verzögert die Entladung.

Erfolgt die Ladung oder Entladung des Kondensators durch den Induktor hindurch und außerdem noch durch einen größeren Widerstand, etwa eine Glühlampe, die mit dem Rühmkorff in Reihe geschaltet ist, so wird nicht nur die Zeitdauer der Ladung oder Entladung dadurch verlängert, die Stromkurve wird auch anders, es leuchtet nur ein Zweig der Holtzschen Doppeltrichterröhre, beim Laden der umgekehrte wie beim Entladen; nur der erste Teil der Stromkurve wirkt erheblich induzierend, der zweite flacht allmählich ab.

b) Hauptversuch. Wird ein Kondensator bekannter Kapazität einmal auf 110 Volt, sodann auf 220 Volt geladen und jedesmal durch denselben Induktor entladen, so ist die erzielte größtmögliche Funkenlänge im zweiten Falle natürlich größer. Lädt man 4 MF auf 110 Volt und dann 2 MF auf 220 Volt, so entlädt sich in beiden Fällen durch den Schließungsbogen dieselbe Elektrizitätsmenge von 4 : 1000 Coulomb. Es ergab sich nun bei einem Versuche im ersten Falle eine größte Funkenlänge von 1,8 bis 1,9 cm, im zweiten Falle ein solche von 2,5 cm, d. h. etwa 1,4 (oder $\sqrt{2}$) mal so viel. Die Entladegeschwindigkeit wächst also, wie es scheint, mit der Quadratwurzel aus der Spannung Es ist $T = 2\pi\sqrt{LC}$, also verhält sich hier $T_1 : T_2 = \sqrt{C_1} : \sqrt{C_2} = \sqrt{V_2} : \sqrt{V_1}$, da $e = C \cdot V$ ist; die Entladungsgeschwindigkeiten verhalten sich wie $v_1 : v_2 = \sqrt{V_1} : \sqrt{V_2}$. Man wird hierbei an die Mechanik erinnert; $T = 2\pi\sqrt{LC} = 2\pi\sqrt{L \cdot \dfrac{e}{V}}$ entspricht der Pendelgleichung, beim Fall und beim Ausfluß des Wassers aus einem Gefäß ist $v = \sqrt{2gs}$ oder $\sqrt{2gh}$; ein derartiges Gesetz scheint auch für die Elektrizität in gewissen Fällen zu bestehen. Für Kathodenstrahlen, die doch auch eine elektrische Strömung darstellen, gilt die ähnliche Kaufmannsche Formel $v = \sqrt{2\dfrac{e}{m}V}$. Darf bei unserm Versuch aus der ungleichen Entladungsgeschwindigkeit auf verschiedene Geschwindigkeit der Elektronen in Metall geschlossen werden?

Wie in der Mechanik die Wirkung bewegter Massen von ihrer Geschwindigkeit abhängt, so erklärt sich auch in obigem Versuche die größere Wirkung vielleicht aus der größeren Geschwindigkeit der bewegten Elektrizität. Daß diese Geschwindigkeit aber von der Größe der Spannung abhängt, ist ebenso verständlich wie auf der anderen Seite die Verzögerung im Schließungsbogen durch den Widerstand.

c) Kondensatoren in Serie. Man erhält beim Entladen eines auf 220 Volt geladenen Papierkondensators von 2 MF durch einen großen Induktor eine maximale Funkenlänge an den Polen des Rühmkorff von reichlich 2,5 cm. Schaltet man 4 Papierkondensatoren von je 2 MF in Serie und lädt sie der Reihe nach schnell auf 220 Volt, so erhält man bei dieser Schaltung auf Spannung zwischen den äußeren Klemmen der Kondensatoren über 800 Volt Spannungsdifferenz, die sich auch an einem Elektroskop demonstrieren läßt. Die Entladung der Serienschaltung durch die Primärspule desselben Rühmkorff gibt jetzt über 5 cm lange Funken. Auch dieser Versuch zeigt, daß bei vierfacher Spannung die Induktionswirkung sich verdoppelt, die gleiche Elektrizitätsmenge entlädt sich mit doppelter Geschwindigkeit durch die Spule. Wie in der Mechanik $v = \sqrt{2\,g\,s}$ gilt, so ist hier entsprechend v proportional der Wurzel aus der Spannung.

d) Ungleiche Mengen. Werden einmal 2 MF, sodann 8 MF auf 220 Volt geladen und hierauf durch die Primärspule entladen, so fließen einmal rund $1:2500$, das zweite Mal $4:2500$ Coulomb durch die Spule. Aus der zu beobachtenden maximalen Funkenlänge und der daraus zu ermittelnden Spannungsdifferenz an den Polen des Induktors folgt, daß die Wirkung bei größerer Kapazität auch größer wird[1]); die größere Elektrizitätsmenge erfordert zum Ausgleich auch eine größere Zeit, sowohl Stromstärke als Zeit nehmen zu. Entsprechend der Formel $T = 2\,\pi\,\sqrt{L\,C}$ ist hier $T_1 : T_2 = \sqrt{C_1} : \sqrt{C_2} = \sqrt{1} : \sqrt{4} = 1 : 2$ in erster Annäherung zu setzen.

Es ist bei den letzten Versuchen die an den Polen der Sekundärspule erzielte maximale Funkenlänge als ein Maß für die Induktionswirkung angesehen. Das ist innerhalb der hier benutzten Grenzen in erster Annäherung zulässig. Die über die Abhängigkeit der Funkenlänge vom Potential vorliegenden Arbeiten aus der Elektrostatik konnten hier natürlich keine Benutzung finden; es handelt sich bei ihnen auch meist um ganz bestimmte Formen von Funkenelektroden. Mit meiner Annahme befinde ich mich in Übereinstimmung mit einer Bemerkung, die Herr Prof. Dr. B. WALTER, einer

---

[1]) Der Versuch zeigt, daß die Kapazität nicht immer mit der Weite eines Gefäßes voll Flüssigkeit in Parallele gestellt werden darf. Ist ein größerer Ohmscher Widerstand (vergl. unten Abschnitt h) eingeschaltet, so ist allerdings bei gegebenem Ladungspotential der Anfangswert der Entladungsgeschwindigkeit von der Größe der Kapazität unabhängig.

der besten Kenner der elektrischen Entladungserscheinungen, vor einiger Zeit im Naturwissenschaftlichen Verein zu Hamburg machte.

e) Umfüllen der Elektrizität. Eine Batterie von 3 parallel geschalteten Papierkondensatoren von je 2 MF, also 6 MF Gesamtkapazität, wurde auf 220 Volt am elektrischen Anschluß geladen und durch einen großen Rühmkorff hindurch entladen; dabei wurden etwa 4 cm lange Funken erzielt. Nun wurde eine gleiche Batterie von auch 6 MF so parallel zu der ersten aufgestellt, daß nach der Ladung der ersten Batterie auf 220 Volt schnell eine Parallelschaltung beider Kondensatoren durch einen Draht mit Gummigriff hergestellt werden konnte. Die Hälfte der Ladung fließt in den zweiten Kondensator, die Spannung sinkt auf die Hälfte. Entlädt man jetzt die Batterie von 12 MF durch den Rühmkorff, so erhält man nur 2 cm lange Funken als Induktionswirkung derselben sich ausgleichenden Elektrizitätsmenge. Leitet man beim Umladen den Entladungsschlag durch den Induktor, so erhält man gut 3 cm lange Funken. Wird ein Gefäß mit Wasser vor Öffnung des Ausflußhahnes zunächst mit einem gleichen Gefäß, das leer ist, verbunden, so fließt die Hälfte des Wassers in dies Gefäß, der Wasserspiegel sinkt, und nach Öffnung des Hahnes ist die Ausflußgeschwindigkeit geringer, als wie sie sonst gewesen wäre.

f) Zwei Induktionsapparate in Serie. Der Entladungsschlag einer größeren, auf 220 Volt geladenen Batterie von Papierkondensatoren wurde durch zwei hintereinander geschaltete Induktionsapparate geschickt, einen älterer Konstruktion von etwa 5 cm und einen neueren der A. E. G von 30 cm maximaler Schlagweite mit herausziehbarer Primärspule. Beide Apparate beeinflussen sich nun in auffallender Weise; einer von ihnen war gewissermaßen Vorschaltwiderstand, der andere Galvanoskop. Die am kleinen Induktor zu erzielende Funkenstrecke schwankte zwischen 20 mm und 1 bis 2 mm, je nachdem die Sekundärspule des großen Induktors kurzgeschlossen war, eine kurze Funkenstrecke enthielt, gar keine Funkenstrecke hatte oder gar von der Primärspule heruntergezogen war. In letzterem Falle ist der Selbstinduktionswiderstand am größten und die am kleinen Induktor beobachtete Funkenlänge ganz geringfügig. Die in der geschlossenen Sekundärspule induzierten Ströme haben gegen den Strom in der Primärspule fast 180° Phasendifferenz; sie wirken ihrerseits wieder auf die Primärspule und erzeugen Ströme von fast 360° Unterschied gegen den ersten Strom; Hinweis auf OBERBECKS Resonanzpendel; ein idealer, belasteter Transformator sollte nach bekannter Theorie keinen Selbstinduktionswiderstand besitzen. Hier zeigen die Versuche außerdem noch, da ja stets dieselbe Elektrizitätsmenge von derselben Spannung durch die Apparate geschickt wurde, daß dieselbe Drahtspule in ganz verschiedenen Zeiträumen durchflossen wird, je nachdem die Umgebung beschaffen ist; die Entladegeschwindigkeit in Drähten kann also, wie schon FARADAY behauptet hat, recht verschieden sein. — Ersetzt man einen Induktor bei diesen Versuchen durch einen großen Elektromagneten mit herausziehbarem Eisenkern, so kann man in ähnlicher Weise durch Verschieben des Kerns die Entladungsgeschwindigkeit beeinflussen.

g) Schätzung der Zeit einer elektrischen Entladung. Einige der obigen Versuche können vielleicht auch im Unterricht gelegentlich Verwendung finden. Auch eine ungefähre Schätzung der Zeitdauer eines Entladungsschlags ist möglich. Durch Einschalten eines kontinuierlichen Stromes von 220 Volt und passend gewählter Stromstärke kann man eine ähnliche Funkenlänge am Induktor wie beim Entladen eines Kondensators erhalten. Die beim Entladen erhaltene maximale Stromstärke läßt sich also ungefähr schätzen, aus der mittleren Stromstärke läßt sich dann, da die Menge in Coulomb bekannt ist, die Zeit der Entladung angenähert beurteilen.

Bei einem Versuch in einer Unterrichtsstunde leitete ich einmal die Entladung eines am Anschluß geladenen Mikrofarad durch die Primärspule eines großen Induktoriums und beobachtete an der Sekundärspule die Funkenlänge. Hierbei flossen rund $1:5000$ Coulomb durch die Primärspule. Würde die Entladung in 1 sec erfolgen, so würden wir $1:5000$ Ampere mittlere Stromstärke hierbei gehabt haben; in Wirklichkeit war die Zeit erheblich kleiner und die Stromstärke viel größer. Die nach ·obiger Methode ausgeführte Schätzung gab etwa 1 Ampere als Mittelwert für den ersten Teil der Entladung, der durch Induktion den maximalen Funken verursacht. Da $1:10000$ Coulomb in dieser ersten Hälfte sich entladen, so ergibt sich für den Verlauf dieses Vorganges $1:10000$ sec. Die zweite Hälfte der Entladung des Mikrofarad bleibe hier außer Betracht. Sehen wir die erste Hälfte der Entladung als $^1/_4$ Wellenlänge einer Schwingung an, so erhalten wir für eine ähnliche ganze Wellenlänge $1:2500$ sec. Aus der Gleichung $T = 2\pi \sqrt{LC}$ ergibt sich dann $1:2500 = 2\pi \sqrt{L:1000000}$ und $L = 0{,}004$ bis $0{,}005$ Henry.

Nun gestatteten Versuche mit der tönenden Bogenlampe eine gewisse Kontrolle der Schätzung. Der Induktor wurde mit 5 MF in Serie einer Bogenlampe in Duddelschaltung parallel geschaltet. Der entstehende Ton war nach Angabe von musikalischen Schülern das dreigestrichene d, also von 1175 Doppelschwingungen in 1 sec. Da nun

$$\frac{1}{1175} : \frac{1}{2500} = 2\pi \sqrt{5L:10^6} : 2\pi \sqrt{L:10^6} = \sqrt{5}:1$$

fast genau richtig ist, so ist obige Schätzung offenbar der Wahrheit nahegekommen.

Nach einer mir von der A. E. G. in Berlin gemachten Mitteilung hat die Primärspule des benutzten Induktors nur 30 m Kupferdraht. Würde die in $1:10000$ sec entladene Elektrizitätsmenge von $1:10000$ Coulomb als Einheit der Elektrizität angesehen werden, so würde sich in diesem Falle eine Entladegeschwindigkeit von 300 km in 1 sec ergeben, eine Zahl, die freilich keinen allzu großen Wert hat. Natürlich ist damit auch die Geschwindigkeit eines einzelnen Elektrizitätsteilchens nicht bestimmt.

Verhältnismäßig genaue Zeitangaben über Ladung und Entladung von Kondensatoren erhält man bei der Duddelschaltung. Bei großer Kapazität und einiger Selbstinduktion erhält man Töne, die mit denen longitudinal schwingender Stäbe verglichen werden können. Bei geringer Selbstinduktion und Kapazität kommen die Töne der Grenze des menschlichen Gehörs nahe oder übersteigen sie womöglich. Auf sehr große Geschwindigkeit der Elektrizität lassen diese bei niederer Spannung erfolgenden Schwingungen nicht schließen, immerhin auch nicht auf ganz geringfügige Geschwindigkeit.

Es wäre zu wünschen, daß in Henries geeichte Selbstinduktionsspulen zu einem ähnlich billigen Preise wie die Papierkondensatoren im Handel zu haben wären; manche der erwähnten Anordnungen oder ähnliche Versuche könnten dann im Unterricht bequem Verwendung finden zur Veranschaulichung der Formel $T = 2\pi \sqrt{LC} = 2\pi \sqrt{\dfrac{L \cdot e}{V}}$. Zum Nachweis, daß die potentielle Energie eines geladenen Kondensators $\frac{1}{2} e V = \frac{1}{2} C V^2 = \frac{1}{2} \dfrac{e^2}{C}$ ist, sind sie teilweise auch brauchbar; desgleichen zur Veranschaulichung des Stromgesetzes für Leiter ohne Ohmschen Widerstand

$$i = a_1 \sqrt{\frac{eV}{L}} = a_1 V \cdot \sqrt{\frac{C}{L}} = a_1 \frac{e}{\sqrt{LC}},$$

worin a_1 verschieden ist, je nachdem ob i die maximale oder mittlere Stromstärke bedeutet; das Gesetz folgt rechnerisch aus $i = e : T$ oder daraus, daß die Stromenergie $\frac{1}{2} L i^2$ proportional der potentiellen Energie $\frac{1}{2} e V$ des Kondensators gesetzt wird, oder durch Vergleich der Dimension von i mit der der rechtsseitigen Ausdrücke.

h) Oнмscher Widerstand im Schließungsbogen eines Kondensators. Wird ein Kondensator C durch einen selbstinduktionsfreien Oнмschen Widerstand W entladen, so ist die Entladezeit $T = \beta \cdot C W$, worin β eine Konstante ist. Aus der Wechselstromlehre ist bekannt, daß ωL und W äquivalente Größen sind; wird nun in die Formel $T = 2\pi \sqrt{LC}$ statt L die Größe $W : \omega$ eingesetzt, worin $\omega = 2\pi n = 2\pi : T$ ist, so wird $T = 2\pi \sqrt{\dfrac{W \cdot C \cdot T}{2\pi}}$ also $T = \beta \cdot C W$. Da $C = |\,\mathrm{cm}^{-1}\,\mathrm{sec}^2\,|$ und $W = |\,\mathrm{cm\,sec}^{-1}\,|$, so ist $C W = |\,\mathrm{sec}\,|$; auch hieraus ist ersichtlich, daß $T = \beta \cdot C W$ richtig ist. Natürlich geht $\dfrac{e}{T} = \dfrac{e}{\beta \cdot C W}$, da $C = \dfrac{e}{V}$ ist, in $i = \beta_1 \dfrac{V}{W}$ über, d. h. in das Oнмsche Gesetz, von dem wir auch umgekehrt bei der Ableitung unserer Formel $T = \beta \cdot C W = \beta \cdot \dfrac{e W}{V}$ hätten ausgehen können. Bei großen Widerständen können wir bei Annahme ungefähr linearen Spannungsabfalles in erster Annäherung $\beta = 2$ setzen. Aus $T = 2\,C\,W$ folgt, daß bei $C = 50\,\mathrm{MF}$ und $W = 10000\,\mathrm{Ohm}$ $T = 1\,\mathrm{sec}$ und bei $100\,\mathrm{Ohm}$ $0{,}01\,\mathrm{sec}$ wird[1]).

Benutzt man als Widerstand ein Gefäß mit stark verdünnter Schwefelsäure und als Elektroden ganz dünne Platindrähte, in Glas eingeschmolzen und dicht an der Austrittsstelle abgeschnitten, so erhält man ziemlich lange Entladezeiten, die durch Beobachtung des von der punktförmigen Kathode aufsteigenden Bläschenstromes ermittelt werden können; bis zu 30 sec habe ich beobachtet. Zunächst entsteht durch den Entladungsschlag ein Geräusch und eine Glüherscheinung an der Kathode, da es sich um Erscheinungen wie beim WEHNELT-Unterbrecher handelt. Die lange Entladezeit kann man dadurch demonstrieren, daß man wiederholt recht flüchtig den Entladestromkreis schließt und öffnet; man erhält mehrmals das charakteristische Geräusch.

Man kann nun zeigen, daß bei gleichem C und W die Entladezeiten ungefähr gleich sind; ob der Kondensator auf 110 oder 220 Volt geladen war, ist fast gleichgültig. Vergleicht man aber ungleiche Kapazitäten, so erhält man, selbst wenn es sich um gleiche Elektrizitätsmengen handelt, ungleiche Zeiten; T ist für gleiches e und W der Spannung umgekehrt proportional. Da T bei gleichem C und W für 110 und 220 Volt fast denselben Wert hat, so muß die Stromgeschwindigkeit bei der Entladung verschieden sein; dies ist schon daraus ersichtlich, daß das WEHNELT-Phänomen nur am Anfang der Entladung stärkeres Geräusch verursacht und bei 220 Volt mehr als bei 110 Volt.

Glühlampenversuche. Man leite den Entladungsschlag einer auf 220 Volt geladenen Kapazität und hierauf den einer auf 110 Volt geladenen doppelt so großen Kapazität durch eine passend gewählte Glühlampe niederer Spannung; die Lampe leuchtet im ersten Falle hell auf, im zweiten erheblich schwächer, obwohl dieselbe Elektrizitätsmenge die Lampe durchfließt. Ebenso erhält man durch den Entladungsschlag helleres Leuchten, wenn zwei gleiche auf Spannung geschaltete Kondensatorbatterien auf je 220 Volt geladen werden, als wenn eine einzelne entladen wird. Gleiche Elektrizitätsmengen geben unter Umständen ungleiche Entladungszeiten und Entladungsgeschwindigkeiten.

Wärmewirkungen. Man kann den Entladungsschlag auch durch einen Hitzdraht leiten, der in einem Glasgefäß mit Ansatz für das Thermoskop (etwa nach LOOSER) sich befindet, und die Thermoskopausschläge bei verschiedenartigen Entladungen vergleichen. Gut geeignet für derartige Zwecke

---

[1]) Die genauere Theorie findet sich z. B. bei PERRY (Höhere Analysis; Teubner 1902; 187) behandelt. Die sekundliche Abnahme der Spannung V ist V selbst proportional: $dV/dt = -\,V/C\,W$. Daraus folgt $T = C\,W \cdot (\log\,\mathrm{nat}\,V_1 - \log\,\mathrm{nat}\,V_2)$. Für $V_1 = 100$ und $V_2 = 1$ erhält man $T = 4{,}6\,C\,W$ und für $V_1 = 200$ und $V_2 = 1$ ähnlich $T = 5{,}3\,C\,W$. Die obigen Werte sind also zu klein. Ganz elementar läßt sich das Problem im Anschluß an die barometrische Höhenmessung behandeln. Das Fallen des Barometers mit der Höhe entspricht der Abnahme der Spannung mit der Zeit.

sind auch Glühlampen (110 Volt und 5—32 Kerzen), von denen die Spitze ab-
gebrochen ist, so daß das Innere mit Luft angefüllt ist; oben ist ein Ther-
moskop-Ansatz angeschmolzen oder angekittet. Hiermit lassen sich ähnliche
Versuche, wie oben beschrieben, anstellen. 3 gleiche Apparate mit dünnem
Kohlefaden und andere mit dickem Faden, vielleicht auch einige mit
Fäden für niedrige Spannung sind wünschenswert. Man kann damit durch
verschiedene Schaltung zu ermitteln versuchen, ob das Oнмsche Gesetz, die
Kɪʀᴄʜʜoꜰꜰschen Regeln und das Jouʟesche Wärmegesetz schon Gültigkeit
hat; besonders läßt sich auch veranschaulichen, daß die potentielle Energie
eines Kondensators $\frac{1}{2} e V = \frac{1}{2} C V^2 = \frac{1}{2}\frac{e^2}{C}$ ist, wobei der Faktor $\frac{1}{2}$ allerdings als gegeben anzusehen ist.

Messung mit einem Weicheiseninstrument. Auch hier erhält man verschiedene Ausschläge, wenn einmal der Entladungsschlag einer auf 220 Volt
geladenen Kapazität und dann der einer doppelt so großen Kapazität mit
110 Volt-Ladung durch das Instrument geschickt wird. Ich benutzte hierzu
ein Demonstrationsvoltmeter (Meßbereich 3 Volt), das hier als Amperemeter
diente. Ein aus einer elektrischen Klingel hergestellter Umschalter, in
dessen Elektromagneten intermittierender Gleichstrom geschickt wurde, ge-
stattete ähnliche Dauerversuche, bei denen die Zeigerstellung konstant wird,
mit dem Ergebnis wie oben. — Dem Apparate ist ein Vorschaltwiderstand
beigegeben, durch den bei Gleichstrom der Ausschlag auf 1 : 10 herabgedrückt
wird, um den Meßbereich erweitern zu können. Bei Entladung von Kondensatoren erzielt man aber nur Verringerung des Ausschlags auf 1 : 3, offenbar
infolge der Selbstinduktion der Spule des Instruments; ein einfacher, für
den Unterricht durchaus geeigneter Versuch, um einen wesentlichen Unterschied zwischen Gleichstrom und Momentanströmen zu demonstrieren,
bei denen das Oнмsche Gesetz in seiner einfachsten Form nicht mehr gilt.
Es handelt sich hier also schon um den etwas komplizierteren Fall, daß
sowohl Selbstinduktion als Oнмscher Widerstand im Schließungsbogen vorkommen. Für die Entladezeit gilt dann eine kompliziertere Formel, von
der $T = \alpha \sqrt{L C}$ und $T = \beta C W$ besondere Fälle sind. Ähnliches gilt für
das Stromgesetz, das den Übergang zwischen $i = \alpha_1 . \sqrt{\frac{e\,V}{L}} = \sigma_1 V . \sqrt{\frac{C}{L}}$ und
$i = \beta_1 . \frac{V}{W}$ vermittelt. Näher kann darauf hier nicht eingegangen werden.

D. Elektronengeschwindigkeit.

Spricht man von Geschwindigkeit der Elektrizität, so kann man dabei
an die oben behandelte Fortpflanzungsgeschwindigkeit denken, aber auch
an die Geschwindigkeit der Elektronen, die durch Sᴛoɴᴇʏ (1891) in die
Elektrizitätslehre eingeführt sind und heute eine so bedeutsame Rolle spielen;
natürlich handelt es sich dabei um zwei verschiedene Probleme. Bei den

im letzten Abschnitt besprochenen Versuchen über Entladungsgeschwindigkeit kann man auf den Gedanken kommen, ob die Ergebnisse auch für die Beurteilung der Elektronengeschwindigkeit in Frage kommen, ob auch diese von der Spannung, unter Umständen auch von der Quadratwurzel aus der Spannung, vom Widerstand und anderen Faktoren abhängig ist. Die Zulässigkeit eines derartigen Schlusses hängt natürlich davon ab, wie man sich die Natur der Elektronen und das Durchströmen des Leiters zu denken hat. RAMSAY schreibt in *„Vergangenes und Zukünftiges“* (Deutsch von OSTWALD, Leipzig 1909), S. 239 u. f.: „Neueste Forschungen haben wahrscheinlich gemacht, daß das, was man negative Elektrizität zu nennen pflegte, tatsächlich eine Substanz ist.“ „Nun haben die Elektronen die Fähigkeit, durch Metalle sich fortzubewegen.“ „Auch werden sie vom Draht geleitet, wie Dampf von der Röhre geleitet wird.“ Die Elektronen sind also so klein und beweglich, daß sie in den relativ großen Zwischenräumen zwischen den an einen bestimmten Platz gebundenen Molekeln der Metalle sich frei bewegen können. Fließen die Elektronen durch Drähte wie Leuchtgas durch Röhren, so dürfen wir aus der Entladung von Papierkondensatoren schließen, daß auch die Elektronengeschwindigkeit recht verschiedene Werte haben kann.

Fließen gleiche Elektrizitätsmengen ungleicher Spannung durch denselben Schließungsbogen in ungleichen Zeiten, die sich umgekehrt wie die Spannung oder bei Leitern ohne OHMschen Widerstand umgekehrt wie die Quadratwurzeln aus der Spannung verhalten, so müssen auch die Elektronengeschwindigkeiten sich entsprechend verhalten haben. Zu beachten ist dabei, daß die Spannung bei der Kondensatorenentladung nicht konstant ist, also ist es wahrscheinlich die Elektronengeschwindigkeit auch nicht.

Wenn eine 32kerzige 110-Volt-Kohlenfadenlampe von 110-Volt-Elektrizität durchflossen wird, so erhält man fast 1 Ampere Strom; durch ein DANIELLsches Element würde man noch nicht 1 : 100 Amp. erhalten, also nur ein langsames Sickern statt eines kräftigen Strahls; die Geschwindigkeit der fließenden Elektrizität ist offenbar in beiden Fällen nicht dieselbe. Fließt aber der Strom einer Akkumulatoren-Batterie von 5 Zellen durch eine 10-Volt-Lampe und der Strom des 110-Volt-Anschlusses durch 11 gleiche in Serie geschaltete 10-Volt-Lampen, so ist in beiden Fällen die Stromstärke und sicher auch die Geschwindigkeit der Elektrizität dieselbe. Es ist denkbar, daß niedere Spannung bei geringem Widerstande eine größere Geschwindigkeit hervorbringt als hohe Spannung, die einen großen Widerstand überwinden muß. Die Elektronengeschwindigkeit kann also zur Stromstärke, genauer zur Stromdichte, in bestimmten Fällen in Beziehung gesetzt werden.

Querschnitt und Geschwindigkeit. In einem Röhrensystem ist die Geschwindigkeit fließenden Wassers bei gleicher Stromstärke nach der Weite der Röhren verschieden. Verhalten sich die ungleichen Querschnitte in Fig. 60 wie 1 : 3, so ist die Geschwindigkeit an den engen Stellen dreimal so groß wie in den weiten Röhren. Stromengen sind Stromschnellen. Bei strömender Luft kann man entsprechende Beobachtungen machen. Gilt Ähnliches auch für die Elektrizität? Es ist wahrscheinlich. Die Stromdichte ist in einem breiteren Stanniolstreifen geringer als in dem benachbarten schmalen Streifen, also ist jedenfalls auch die Elektronengeschwindigkeit dort kleiner, da durchschnittlich in jedem Augenblick die gleiche Anzahl von Elektronen durch jeden Querschnitt fließt. Aus ungleichen Stromstärken in Drähten verschiedenen Querschnitts folgt übrigens auch nicht, daß die Elektronen-

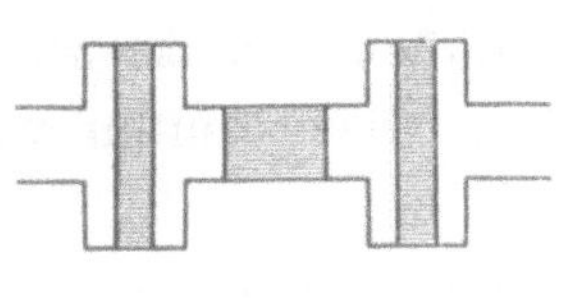

Fig. 60.

geschwindigkeit notwendig verschieden sein muß. — Aus Stromlinienversuchen, die auch Looser in einen Aufsatz über Thermoskopversuche, *Zeitschr.* **19,** 342, übernommen hat (man vergleiche

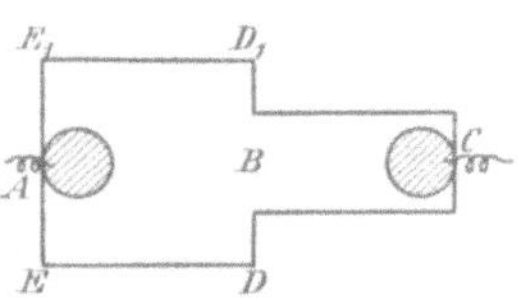

Fig. 61.

auch *Zeitschr.* **20,** 355), folgt, daß die Erwärmung des Stanniolstreifens BC in Fig. 61 beim Hindurchschicken eines genügend starken Stromes größer ist als die von AB. Sowohl der Widerstand wie der Spannungsabfall zwischen A und B sind kleiner als zwischen B und C. Die Stromlinien in AB laufen teilweise von A über E und D nach B, der Weg mancher Stromlinien zwischen A und B ist also länger als der in BC. Es ist nicht ausgeschlossen, daß dieser weitere Weg auch längere Zeit beansprucht. Die Geschwindigkeit in AB kann sehr wohl kleiner sein als in BC. Der schmale Streifen wird stärker erwärmt und brennt womöglich durch. Dies steht mit der Annahme, daß Stromengen auch Stromschnellen sind, wohl nicht in Widerspruch. Es scheint erklärlich, daß schnell fließende Elektrizität die Molekeln zu rascheren Schwingungen veranlaßt als langsam fließende; dabei ist natürlich der Verbrauch an Stromenergie entsprechend groß. Es ergibt sich hierbei die zunächst befremdlich erscheinende Tatsache, daß die Geschwindigkeit der Elektrizität dem Widerstand proportional sein soll, d. h. mit wachsendem Widerstand größer wird natürlich handelt es sich nur um den Vergleich benachbarter Leiterstücke bei konstanter Stromstärke. Bekanntlich ist die elektromagnetische Widerstandseinheit von der Dimension cm sec^{-1}, d. h. eine Geschwindigkeit. Die elektrostatische Widerstandseinheit cm^{-1} sec, d. h. das Reziproke einer Geschwindigkeit, scheint natürlicher zu sein. Einen Sinn kann also die ektromagnetische Dimension auch haben.

Ein Widerspruch mit der oben abgeleiteten Tatsache, daß die Elektronengeschwindigkeit mit wachsendem Gesamtwiderstand der Entladungsbahn abnimmt, liegt natürlich nicht vor. Fließt Wasser aus einem Gefäß mit langem horizontalen Ansatz aus, der innen recht rauh ist, so fließt am Ende die Flüssigkeit auch mit um so geringerer Geschwindigkeit aus, je größer der Widerstand im Ansatzrohr ist. Bei fließendem Wasser bestehen also auch beide Tatsachen nebeneinander.

Eine Trägheitserscheinung. Fließt Wasser aus einem engen Rohr mit größerer Geschwindigkeit in ein weites Gefäß über, so beobachtet man oft nicht sofort an der Eintrittsstelle ein Langsamerwerden, das strömende Wasser fließt durch das übrige mit nur teilweise verminderter Geschwindigkeit hindurch, Fig. 62a; Strömungen im Meer. — Ein Stanniolblatt über einer Pappscheibe auf der Teslaprimärspule, die aufrecht steht, so daß ihre Windungen dem Tische parallel sind, zeigt als Induktionsfigur (Fig. 62b) einen Kreisring (*Zeitschr.* **21**, 367; Fig. 22), der durch Thermoskoppapier nachweisbar ist. Ringsum sind leitende Teilchen, die schnellen Schwingungen verlaufen aber in so kurzer Zeit, daß die Elektronenströmungen sich nur unvollkommen auszubreiten vermögen; FOUCAULTsche Ströme.

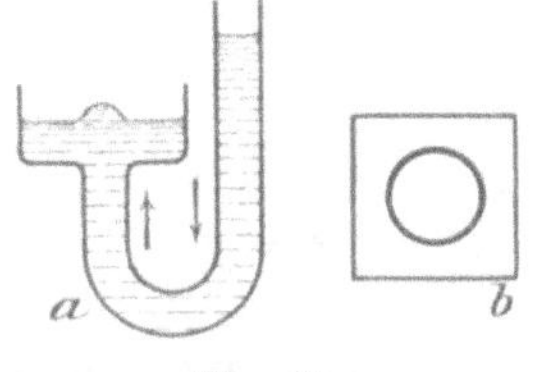

Fig. 62.

Wasser fließt durch eine Röhre mit einer nicht auf dem ganzen Querschnitt gleichmäßigen Geschwindigkeit, am Rande fließt es langsamer infolge der Reibung. Derartiges ist, wenn man von der Verlangsamung in Kabeln infolge der Ladung der Oberfläche absieht, bei der Elektrizität nicht bekannt. — Auch das Umgekehrte ist denkbar. Beim Ausfluß von Wasser aus einer Öffnung kann die Flüssigkeit in Form eines hohlen Schlauches ausfließen. An diesem beobachtet man perlschnurartige Bildungen, Tröpfchen spritzen seitwärts, die bekannten Saugerscheinungen sind zu erwähnen. — Bei hochgespannten Teslaströmen strahlen Drähte Elektrizität aus, das erinnert an zerstäubtes, vom Strahl abspritzendes Wasser. Die Elektrizitätsbewegung in den Antennen, Vor- und Rückwärtsdrehen daran befestigter Flugrädchen regt wohl zu Vergleichen mit gewissen Saugerscheinungen an, Vergleiche, die aber in mancher Hinsicht unberechtigt sind, wie man nicht vergessen darf. Bei manchen elektrischen Schwingungen ist eine Bevorzugung der Oberfläche eines Leiters (*Zeitschr.* **21**, 364) zu beobachten, dabei könnte man den in Form eines hohlen Schlauches ausfließenden Wasserstrahl zum Vergleich heranziehen; Wirbelbildungen, die beim Wasserstrahl eine Rolle spielen, sind aber bei Elektronenströmungen bisher experimentell nicht nachgewiesen. Eine Erscheinung, bei der Elektronen-Wirbelbildung denkbar wäre, ist das Ausströmen von Elektronen aus Spitzen. Werden dünne Drähte, die mit verschiedenen Belegungen einer großen Batterie Leidener Flaschen oder mit den Konduktoren einer Influenzmaschine verbunden sind, auf einem Leuchtschirm einander gegenübergestellt, so ist am negativen Draht ein leuchtender Punkt und eine Einschnürung der Stromlinien zu beobachten; nur am positiven Pol kann die Erscheinung mit magnetischen Kraftlinien verglichen werden. Man wird am — Pol etwas an Wasser, das aus einem Hahn fließt, erinnert. Größeres Potentialgefälle an der Kathode; geringere Funkenlänge zwischen negativer Spitze und positiver Platte als umgekehrt.

Zum Verständnis der Tatsache, daß in guten Leitern elektrische

Schwingungen überhaupt an der Oberfläche verlaufen, und Gleichstrom nur allmählich ins Innere dringt, läßt sich vielleicht der Wasserwechselstrom zum Vergleich heranziehen, der infolge Ebbe und Flut in der Unterelbe zu beobachten ist. Eine der auffallendsten und selbstverständlichsten Erscheinungen ist dabei, daß Schilf und andere Wasserpflanzen, angepflöckte Boote u. dergl. bei jedem Stromwechsel dem Zuge des Wassers folgend sich um 180⁰ drehen. Dazu ist natürlich Arbeit erforderlich, eine Verlangsamung der Strömung ist die Folge. Nimmt man an, daß durch die zunächst nur an der Oberfläche fließende Elektrizität die freien Elektronen und vielleicht auch die Körpermoleküle veranlaßt werden, ihre Schwingungen ganz oder teilweise parallel der Stromrichtung einzustellen, so würde verständlich sein, daß zum Eindringen in das Innere eines Leiters Zeit erforderlich ist; diese ist übrigens nach Stefan bei guten Leitern größer als bei schlechten und in magnetischen Metallen besonders groß. Beim Wechselstrom ist aus den erwähnten Gründen eine Verlangsamung der Elektronengeschwindigkeit denkbar, die von der Anzahl der Stromwechsel abhängig ist, und Hochfrequenzströme dringen überhaupt nicht erst in das Innere. In der Theorie des Magnetismus spielen derartige Drehungen der Moleküle eine Rolle; ob sie hier auch zulässig sind, ist fraglich. Ich habe mir so die Impedanz eines Kupferbügels bei Hochfrequenzschwingungen klarzumachen versucht natürlich kann es sich nur um einen Teil der Erscheinungen handeln, da der Einfluß des Feldes, Kapazität und Selbstinduktion, namentlich der letzteren, offenbar ist. Die Parallelrichtung der Schwingungen im Innern gehört mit zu der Selbstinduktion. Es ist daran zu erinnern, daß sich kreuzende Ströme sich parallel zu stellen bestrebt sind.

Oszillationen. Auch bei diesen handelt es sich um Geschwindigkeitsprobleme. Zunächst Gleichstromschwingungen. Die an Wasserstrahlen oft zu beobachtende Perlschnurbildung kann hier zum Vergleich herangezogen werden, die Oszillationen sind also Oberschwingungen an einem im übrigen vorherrschenden Gleichstrom. Der Strahl kann aber auch zerreißen, sich in Tropfen auflösen; dem entsprechen z. B. intermittierende Funken aus zerhacktem Gleichstrom. Prof. B. Walter, einer der gründlichsten Forscher auf dem Gebiete der Entladungserscheinungen, hat auf Grund zahlreicher Photographien mit bewegter Platte die Ansicht vertreten, daß speziell beim Blitz das zeitweilige Aussetzen des Elektrizitätsüberganges durch vorübergehenden Mangel an Elektrizität verursacht wird. Das heißt doch aber, daß einige schnell auf einander folgende Tropfen von Elektrizität, wenn ich so sagen darf, den Blitzschlag verursachen. Die einer Entladung vorhergehenden oder folgenden teilweisen Ansätze zu einem Funken gleichen den Vibrationen der Tropfen am Hahn. Die seitwärts spritzenden Tröpfchen eines Wasserstrahls würden danach den Verästelungen entsprechen usw. Jüngst ist von H. Schnell (*Zeitschr.* **22**, 1909, S. 239) gezeigt, daß durch das Einschalten von Leidener Flaschen die kontinuierliche Entladung eines Induktors in eine Reihe von Partialentladungen zerlegt wird, die durch bewegtes Papier in der Funkenstrecke nachweisbar sind; dabei handelt es sich nicht um Wechselstromschwingungen, wie DRUDE annahm.

Bekannt ist ferner der Vergleich der von FEDDERSEN an Funken beobachteten Wechselstrom-Oszillationen mit Pendelschwingungen von Wasser in einer U-förmigen Röhre oder von ausströmender komprimierter Luft aus einer Kugel in eine gleiche, die luftleer ist. Auch diese Erklärungen setzen eine gewisse Trägheit der Elektrizität voraus. Beide Arten von Oszillationen sind also Geschwindigkeitsprobleme. — Ein gut leitender Polsucher, Salpeterlösung mit Phenolphtalein, im Teslaprimärkreis zeigt Bevorzugung einer Richtung an, die Gleichstromoszillation überwiegt also.

Werte für die Elektronengeschwindigkeit. In der Theorie der Elektrizität wird unter einem Leiter zunächst ein idealer Leiter verstanden. „Wenn auf ihm an irgend einer Stelle der elektrische Zustand erregt wird so verbreitet er sich sofort über den ganzen Leiter", heißt es in WINKELMANNS Handbuch (1893, III 1; 25). Darin liegt aber, daß die Geschwindigkeit der Elektrizität unendlich groß sein müßte. Später wird diese Ansicht natürlich eingeschränkt, im Handbuch heißt es weiter: „In Drähten von sehr kleinem Widerstande erfolgt sie mit einer bestimmten Geschwindigkeit (nicht zu verwechseln mit der vermutlich sehr kleinen Geschwindigkeit, mit der sich das hypothetische elektrische Fluidum fortbewegt), und zwar ist es die Geschwindigkeit des Lichtes im leeren Raum". HAGENBACH (*Wied. Ann.* **29,** 1886, S. 406) spricht von einer für alle Ströme konstanten Strömungsgeschwindigkeit der Elektrizität, die gleich ist der Lichtgeschwindigkeit. Es mag hier unentschieden bleiben, was darunter verstanden sein soll. Daß die Geschwindigkeit des elektrischen Fluidums oder die Elektronengeschwindigkeit nicht stets 300000 km sein kann, ist klar. Fließt der von einer Wechselstrommaschine gelieferte Strom durch einen Draht, so ist einleuchtend, daß die Strömungsgeschwindigkeit der Elektrizität bei abnehmender Spannung auch abnimmt und schließlich gleich Null und negativ wird, also eine Funktion der Spannung ist. Sie kann nicht etwa sprungweise von + 300000 in — 300000 km übergehen.

Die entgegengesetzte Vorstellung, daß die Geschwindigkeit der Elektronen stets außerordentlich klein sein muß, geht auf die geringe Wanderungsgeschwindigkeit der Ionen in der Elektrolyse zurück. STARKE schreibt darüber: „Wenn sie sich ohne Reibung bewegten, würden sie eine fortwährende Beschleunigung erfahren; die Reibung im Elektrolyten ist aber so groß, daß sie sich wie eine kleine Kugel in einer zähen Flüssigkeit mit gleichförmiger Geschwindigkeit bewegen". GRIMSEHL berechnet in seinem Lehrbuche z. B. für verdünnte Schwefelsäure die Ionengeschwindigkeiten $0,00085$ cm sec^{-1} und $0,0032$ cm sec^{-1}. Bei der Leitung durch Luft gibt er an: Die Ionengeschwindigkeit ist für beide Arten der Ionen ganz verschieden, und zwar für die negativen Ionen immer größer als für die positiven. Die Wanderungsgeschwindigkeit ist ferner von dem Potentialgefälle abhängig, und zwar ist sie dem Potentialgefälle direkt proportional. Die auf das Feld „Eins" bezogene Geschwindigkeit heißt die Elektronenbeweglichkeit. Sie beträgt in Luft für negative Ionen 1,87 cm sec^{-1}, für die positiven Ionen 1,36 cm sec^{-1}; in Wasserstoff 7,95 bzw. 6,7 cm sec^{-1}. Die Elektronengeschwindigkeiten in Metallen werden meist als recht klein angenommen. Seit Drude nimmt man an, daß freie Elektronen in Metallen vorkommen, während man früher meist nur an Atomkomplexe gebundene Elektronen gelten lassen wollte; freie Elektronen haben natürlich eine größere Geschwindigkeit. Kupfer leitet z. B. fast 1 000 000 mal so gut als 30 proz. Schwefelsäure und mehr als 10 000 000 mal so gut als 20 proz. Zinksulfatlösung und bei tiefen Temperaturen wird der Widerstand fast gleich Null. Es ist daher möglich, daß die Elektronengeschwindigkeit in Metallen größer ist, als oft angenommen wird. Die + und — Elektrizitätsträger können nach Drude verschiedene Geschwindigkeit haben. Zur Demonstration kann vielleicht der Versuch dienen, den Entladungsschlag von Papierkondensatoren durch verdünnte Schwefelsäure zu leiten mit Benutzung von kurzen, dünnen Platinspitzen als Elektroden; das Wehnelt-Phänomen tritt an der Kathode viel kräftiger als an der Anode auf. Die Erscheinung ist von einer Zertrümmerung der Wassermoleküle begleitet, wie B. Walter nachgewiesen hat. Die negativen Elektrizitätsteilchen strömen offenbar mit größerer Geschwindigkeit aus dem Drahte aus als die positiven. Bei einer Ladung auf 110 Volt ist die Erscheinung viel geringer als bei 220 Volt; auch geben 10 MF von 220 Volt kräftigere Wirkung als 20 MF von 110 Volt.

Starke beschreibt bei der Funkenbildung J. J. Thomsons Theorie, daß jedes Ion fähig ist, durch Zusammenprall mit Gasteilchen dieselben in neue Ionen zu zerspalten, und fährt fort: „Sobald wir nun ein starkes elektrisches Feld zwischen den Elektroden erzeugen, erhalten die Ionen in sehr kurzer Zeit eine sehr große Geschwindigkeit. In sehr kurzer Zeit wird die Dichtigkeit der Ionen und die Stromstärke sehr groß." Es wird heute also angenommen, daß in Funken sehr große Elektronengeschwindigkeiten herrschen. Sind in Metallen nun die Geschwindigkeiten geringer als im Funken, so ist die Zerlegung einer Entladung in Partialentladungen, wie sie oben beschrieben ist, verständlich; man vergleiche auch Grimsehls Lehrbuch, S. 975. Ebenso kann man natürlich im Flammenbogen mit einiger Wahrscheinlichkeit nicht unerhebliche Ionengeschwindigkeiten annehmen; ist in der Kohle die Geschwindigkeit geringer als im Bogen, so ist ein gewisser Übergangswiderstand verständlich, der mit Potentialabfall verbunden ist; dieser findet im Lichtbogen besonders an der Anode statt, dort treffen die negativen Elektronen auf und erhitzen durch ihren Anprall die Kohle bis zu fast 4000°; da die Temperatur der anderen Kohle geringer ist, so läßt dies auf geringere Geschwindigkeit der positiven Teilchen schließen; eine Hypothese, die vielleicht aber der Korrektur bedarf, wie manche Ansicht, die in der Elektronentheorie schon ausgesprochen ist. Im Unterricht wird daher eine gewisse Zurückhaltung in dieser Hinsicht angebracht sein.

Keinem Zweifel unterliegen aber wohl die Feststellungen über Geschwindigkeit der Elektronen in Kathodenstrahlen, die auch im Unterricht erwähnt werden müssen. KAUFMANN hat dafür die Gleichungen

$$\tfrac{1}{2}\, m\, v^2 = V e \quad \text{und} \quad v = \sqrt{2\, V \cdot \frac{e}{m}}$$

aufgestellt. Darin ist $\frac{e}{m} = 1{,}865 \cdot 10^7$ gefunden, jedes Elektron ist Träger einer bestimmten Elektrizitätsmenge. Die Masse eines Elektrons ist der 2000ste Teil eines Wasserstoffatoms. Für $V = 10000$ Volt $= 10^4 \cdot 10^8$ abs. Einh. ist $v = 0{,}6 \cdot 10^{10}\,\mathrm{cm\ sec}^{-1} = 0{,}2\, v_0$. In den gebräuchlichen Kathodenstrahlröhren schwankt zwischen 0,1 bis 0,3 v_0. Bei der Ablenkung eines Kathodenstrahls durch einen Magneten entsteht, da V sich ändert, ein „magnetisches Spektrum". Das sind Tatsachen, die man im Unterricht gelegentlich wird erwähnen müssen. Daß in den Kathodenstrahlen bewegte Massenteilchen von $100000\,\mathrm{km\ sec}^{-1}$ vorkommen, ist ein überraschendes Ergebnis. Ein Haupteinwurf gegen die Emanationstheorie war der, daß Massenteilchen keine so ungeheure Geschwindigkeit zukommen kann. „Die ungeheure Geschwindigkeit der Elektronen macht es verständlich, daß sie trotz ihrer verschwindend geringen Masse beim Aufprallen auf ein Platinblech dieses zum Glühen erhitzen können" (GRIMSEHL). Für Kanalstrahlen, die aus positiven Elektrizitätsträgern bestehen, ist nach W. WIEN $\frac{e}{m}$ viel größer, die Masse etwa von der Größenordnung der Atome und die Geschwindigkeit geringer. Weiter hat man beim Radium und ähnlichen Substanzen an den ausgesandten Strahlen Geschwindigkeitsuntersuchungen anstellen können; die β-Strahlen haben $\tfrac{1}{2}$ Lichtgeschwindigkeit und mehr und sind den Kathodenstrahlen verwandt; die beim Radium wahrscheinlich aus Helium bestehenden α-Strahlen entsprechen den Kanalstrahlen und haben nach W. WIEN viel größere Geschwindigkeit, als wir sie mit elektrischen Kräften bei Kanalstrahlen erreichen können.

Volt	v		km
1 000 000	2	v_0?	600 000?
10 000	0,2	v_0	60 000
100	0,02	v_0	6 000
1	0,002	v_0	600
0,01	0,0002	v_0	60

Vorstehende Tabelle gibt nach der KAUFMANNschen Formel berechnete Werte für die Elektronengeschwindigkeit an. WEHNELT hat schon mit Hilfe der niedrigen Spannung des elektrischen Anschlusses unter Benutzung glühender Oxydkathoden Kathodenstrahlen erzielt. Die beiden letzten

Reihen haben nur theoretisches Interesse. Der erste Wert verdient Beachtung. Die Theorie ergibt nach W. Wien die Unwahrscheinlichkeit, daß bei einem Elektron, das sich mit Überlichtgeschwindigkeit bewegt, der Widerstand größer ist, wenn man seine Geschwindigkeit verringert, als wenn man sie vergrößert. Man nimmt heute an, daß die Elektronen sich immer mehr abplatten, je schneller sie fliegen. Die Lichtgeschwindigkeit ist also die Grenze, die ein bewegter Körper überhaupt nicht überschreiten kann. Experimentell ist außerdem festgestellt, daß bei sehr großen Geschwindigkeiten $\frac{e}{m}$ nicht konstant bleibt, sondern abnimmt; der erste Wert der Tabelle ist also nach dieser Hypothese zu verwerfen.

Ideale und wirkliche Leiter. Überlegt man, ob auch für die Leitung in Metallen die Werte unserer Tabelle in Betracht kommen, so könnte man dafür anführen, daß die Kathodenstrahlen vielleicht aus dem Metall ihre Geschwindigkeit mitbringen; dabei ist an der Übergangsstelle nach Fig. 60 ein Geschwindigkeitssprung natürlich nicht ausgeschlossen, dem eine Potentialdifferenz entspricht. Beim Radium ist die ähnliche Hypothese aufgestellt, daß die Elektronen ihre große Geschwindigkeit schon im Radium selbst besitzen; das ist aber nach W. Wien (*Über Elektronen*, 1909, S. 37) nicht durchführbar, weil ein mit großer Geschwindigkeit auf notwendig krummliniger Bahn fliegendes Elektron Energie ausstrahlen und dadurch bald zur Ruhe kommen muß. Beim Durchströmen von Metall könnte ja die den Elektronen verloren gehende Energie durch die wirkenden elektrischen Kräfte ersetzt werden; zwischen benachbarten Teilen eines Drahtes bestehen aber nur geringe Potentialdifferenzen. Es steht natürlich nichts im Wege, sich einen idealen Leiter zu denken, in dem ähnliche Werte wie in der Tabelle nach der Kaufmannschen Formel gelten, wenn er auch praktisch nicht existiert. Wir haben oben gesehen, daß für Kondensatorentladungen durch Kupferdraht von 4,5 qmm Querschnitt $i = \alpha_1 \sqrt{\frac{e\,V}{L}}$ ist; das erinnert an die Kaufmannsche Formel, noch mehr, wenn man bedenkt, daß heute vielfach der durch Selbstinduktion erzeugte Widerstand als die scheinbare Masse eines Elektrons angesprochen wird. Andererseits ist zu bedenken, daß auch gut leitender Kupferdraht Widerstand besitzt, und für kontinuierlichen Strom das gewöhnliche Ohmsche Gesetz gilt; die Werte der Tabelle müßten dafür überhaupt nach einem andern Gesetz berechnet werden.

Nach Grimsehl (*Lehrb.* S. 1009) soll das elektrische Fluidum der Maxwellschen Theorie im Innern eines Leiters vollständig frei beweglich sein. „In den Metallen und anderen Leitern der Elektrizität bewegen sich die Elektronen vollständig frei." Es ist (S. 977) aus den Gleichungen

$$\tfrac{1}{2}\,\frac{1}{C}\,Q^2 + \tfrac{1}{2}\,L\,i^2 = \text{kst. und } i = \frac{dQ}{dt}$$

für „ungedämpfte" Kondensatorschwingungen die Formel $T = 2\pi \sqrt{LC}$ abgeleitet. Überhaupt spielt der ideale Leiter in der Theorie eine große

Rolle; für ihn käme auch im Innern $v = 300000$ km sec^{-1} als Fortpflanzungsgeschwindigkeit in Frage. Die Elektronen sind nach W. WIEN eine Million mal kleiner als die Moleküle und haben nur 2,8 Billionstel mm Durchmesser; sie müssen sich also zwischen den Molekeln recht frei bewegen können. In einem Wald mit 1 m dicken Stämmen, die an ihren Platz gebunden sind und höchstens vom Wind etwas gerüttelt werden, können winzige Tierchen herumschwirren, ohne von den Stämmen behindert zu werden, besonders gut, wenn die Stämme, wie in einem modernen Walde meist, ausgerichtet sind, so daß selbst die Wildbahnen ganz gerade sind. Es ist angenommen worden, z. B. von GIESE, daß die Elektronen nur von Molekül zu Molekül fliegen; seit DRUDE (1900) nimmt man aber an, daß den Elektronen eine fortschreitende Bewegung zwischen den Molekeln zukommt. W. WIEN spricht davon, daß die Elektronen auf notwendig krummliniger Bahn in Körpern fliegen müssen; andere Forscher sprechen von Zickzackbahnen. Letztere Annahme erscheint mir nicht unbedingt notwendig; auch Zickzackblitze existieren nicht; bei erheblichen Geschwindigkeiten können Moleküle zertrümmert und ungefähr lineare Bahnen geschaffen werden. Leiter, die dem Ideal nahekommen, existieren aber wohl nur in der Nähe von — 273° Celsius, wenn fast keine Energie nötig ist, die Molekeln in Reihen zu ordnen, und die Elektronen nicht durch ihre eigene Wärmebewegung von der geraden Bahn abgedrängt werden.

Die bei idealen Leitern denkbaren Werte werden in Wirklichkeit wohl nicht annähernd erreicht. Die Einwirkung der Atome auf die Elektronen soll nur in nächster Nähe derselben eintreten, sie tritt aber ein. Vielleicht ist auch unter sonst gleichen Verhältnissen die Elektronengeschwindigkeit in den einzelnen Leitern verschieden, worauf Potentialdifferenzen an der Kontaktstelle, PELTIER- und THOMSON-Effekt hindeuten. Obige Tabelle oder eine ähnliche könnte vielleicht in Frage kommen für Geschwindigkeitssprünge an Berührungsstellen, an denen ein OHMscher Widerstand nicht in Betracht kommt, da die zu betrachtende Doppelschicht fast keine Dicke hat. Die Werte für die Elektronengeschwindigkeit in Metallen scheinen den Übergang zu vermitteln zwischen den ganz geringfügigen Werten bei der Elektrolyse und den ungeheuren Werten bei Kathodenstrahlen und β-Strahlen[1]).

Einfluß der Wärme. Schon 1858 haben ARNDTSEN und CLAUSIUS darauf aufmerksam gemacht, daß bei den Metallen die Zunahme des el.

---

[1]) E. LECHER (man vgl. Zeitschr. 21, 334) konnte in einem dünnen Silberdraht Elektronengeschwindigkeiten bis zu etwa 75000 cm sec nachweisen. Bei den beim Telegraphieren benutzten Strömen beträgt die mittlere Geschwindigkeit der Elektronen nach ihm nur Bruchteile eines mm pro sec. Die freien Elektronen bewegen sich in den Zwischenräumen zwischen den Molekülen hin und her: der feste Körper besteht gleichsam aus einer Unmenge von gleichgerichteten Kathodenröhren. Nach R. v. HASSLINGER handelt es sich bei der Leitung in Metallen überhaupt nicht um freie Elektronen, sondern Ionen. Eine dritte Möglichkeit ist natürlich die, daß sowohl freie Elektronen als auch Ionen dabei eine Rolle spielen.

Leitungswiderstandes mit der Temperatur im Mittel $\alpha = 0{,}00365$ ist, d. h. gleich dem Ausdehnungskoeffizienten der Gase, also eine allgemeine, in der Regel nicht von der Substanz abhängige Größe ist; auch die Fortpflanzungsgeschwindigkeit ist ja nicht davon abhängig. Diese Erhöhung des Widerstandes mit der Temperatur bei guten Leitern ist erklärlich, da Erhöhung der Temperatur größere Eigenbewegung der Elektronen (und Molekeln) bedeutet und Verzögerung der Elektrizitätsteilchen in der Stromrichtung bedingt. Bei den Elektrolyten ist es umgekehrt, da durch die von der Temperatur veranlaßte Erhöhung des Dissoziationsgrades eine räumlich dichtere Lagerung der Stromlinien bedingt ist.

Nach Drude darf man die Gesetze der kinetischen Gastheorie für die Elektronen in Anspruch nehmen. Es ist also zulässig, die Formel für die Geschwindigkeit der Gasmoleküle $u = \dfrac{1{,}844}{\sqrt{\partial}}$ km anzuwenden. 1,844 km ist die Geschwindigkeit der Wasserstoffatome und ∂ ist $1 : 2000$ eines Wasserstoffatoms; also ist $u = 82{,}5$ km die Geschwindigkeit freier negativer Elektronen bei 0^0 Celsius. Prof. F. Krüger meint, daß der von der Elektrizität verursachte Anteil der Elektronengeschwindigkeit kleiner sein müsse als der von der Wärme verursachte Anteil; das wird in der Regel zutreffen. Für 4000^0, die höchste herstellbare Temperatur, ergibt sich, wenn die Formel der Gastheorie $u = 1{,}844 \sqrt{\dfrac{\theta}{273\,\partial}}$ so weit zulässig ist, über 300 km. In guten Leitern, die vom elektrischem Strom durchflossen werden, sind also Elektronengeschwindigkeiten bis zu 300 km tatsächlich denkbar. Metalle und Kohle können durch den Strom nicht bloß bis zur Weißglut erhitzt, sondern auch in Luft ebenso wie im Vakuum mechanisch zerstäubt werden. Auch Kathoden im Vakuum zerstäuben. Dazu ist bei freien Elektronen vielleicht noch mehr als 300 km Geschwindigkeit erforderlich. — Ich bin auf den Gedanken gekommen, daß, da bei Berührung eines kalten mit einem warmen Körper höchstens Geschwindigkeitsdifferenzen der Elektronen von 300 km vorkommen können, an der Berührungsstelle in einer etwaigen Doppelschicht von geringem Abstand nach obiger Tabelle für ideale Leiter keine große Potentialdifferenz möglich ist. Darin könnte eine Erklärung dafür liegen, daß bei dem Problem, durch Wärme allein Elektrizität zu erzeugen, bisher keine guten Resultate erzielt sind; es ist dagegen aber einzuwenden, daß nach Ansicht namhafter Physiker Temperaturdifferenzen allein überhaupt keinen Strom geben.

Es bleibt noch zu erörtern, ob in guten Leitern größere Geschwindigkeiten als 300 km selbst vorkommen können, ohne daß die Mehrzahl der Körpermolekeln erheblich erwärmt wird. Das ist bei gewissen Entladungsvorgängen in oder richtiger an guten Leitern denkbar, wenn der ganze Vorgang nur von sehr geringer Dauer ist; die Elektronen in der Nähe der Körperatome wirken zunächst als Schutzhülle für die Atome, es ist somit einige Zeit erforderlich, um die Bewegungsgröße der Elektronen auf die mehr als 100000 Mal so schweren Atome zu übertragen; kurzum, die Temperatur der Elektronen könnte momentan erheblich größer sein als die der Molekeln. Dazu sind gerade Bahnen der Elektronen erforderlich, hinderliche Molekeln müssen zersprengt werden; das ist aber im Innern nicht so leicht möglich wie an der Oberfläche. Hochfrequenzschwingungen verlaufen daher an der Oberfläche und sind womöglich von Elektroluminiszenz der Drahtoberfläche begleitet. Bei jedem elektrischen Strom haben etwaige freie Elektronen in der Strömungsrichtung und senkrecht dazu natürlich verschiedene Temperatur. — Das Zerstäuben von Kohle kann man in Glühlampen für niedere Spannung durch Entladungsschläge von Papierkondensatorbatterien zeigen, die auf 110 oder 220 Volt geladen werden. Selbst wenn der Faden dadurch nur zu mäßigem Glühen gebracht wird, wird meist nach einigen Entladungen das anfänglich gute Vakuum unvollkommen und leuchtet mit; das Zerstäuben und Durchbrennen erfolgt meist an der Eintrittsstelle des Stroms an einem Ende des Fadens. — Auf Beeinflussung der Richtung und Größe der Elektronengeschwindigkeit durch chemische Ursachen soll hier nicht näher eingegangen werden.

Wärmeleitung. Sie spielt, wie wir sahen, auch in unser Problem hinein. Grimsehl (*Lehrbuch* S. 353) schreibt über Wärmeleitung: „Beim Zusammenstoß der ungleich stark bewegten Molekeln gleichen sich ihre Geschwindigkeiten, also auch ihre Temperaturen aus." Kurz vorher heißt es: „Bei den festen Körpern wird nur eine schwingende Bewegung der Molekeln angenommen, die so gering ist, daß die Molekeln ihren Platz nicht verlassen können." Von zahlreichen Physikern wird bei der Wärmeleitung die Mitwirkung der Elektronen angenommen. Drude schreibt darüber (*Dr. Ann.* **1**; 573; 1900): „Als Grundsatz stellen wir voran, daß die Wärmeleitung nur durch die Stöße der Elektronen vermittelt werden kann, d. h. daß ponderable Atome sich bei ihrer Bewegung um ihre Gleichgewichtslage nicht stoßen, d. h. keine Energie übertragen sollen." Im Gegensatz zur Elektrizitätsleitung fliegen die Elektronen nur zwischen benachbarten Molekeln hin und her. Elektronenströmungen in der Richtung des Temperaturgefälles, aber ohne Potentialdifferenz sind nach dieser Theorie denkbar, wenn bei gleichmäßiger Verteilung der positiven und negativen Elektrizitätsträger die Bewegung eine ungeordnete ist. Diese Theorie ist kaum zu bezweifeln, da sonst die Parallelität zwischen Wärmeleitung und Elektrizitätsleitung (Wiedemann-Franz) nicht erklärlich ist[1]). Wir können daraus folgern: Da die Wärmeleitung nicht mit Lichtgeschwindigkeit erfolgt, so ist ersichtlich, daß es auch Elektronenströmungen mit geringer Fortpflanzungsgeschwindigkeit gibt.

---

[1]) Nach Lecher (Zeitschr. **21**, 334) besteht die Wärmeleitung darin, daß die Elektronen allmählich nach den kälteren Stellen eines Drahtes „diffundieren."

E. Ein biologisches Geschwindigkeitsproblem.

Die Geschwindigkeit der Elektrizität spielt eine wichtige Rolle bei der Untersuchung der Frage, ob Nervenströme elektrische Ströme sind. Die Geschwindigkeit der Elektronen kann nach Spannung und Widerstand verschieden sein, es kommen Geschwindigkeiten bis zu $300\,000$ km sec^{-1}, andererseits aber ganz geringe Geschwindigkeiten vor. Ob die Elektronen sich frei bewegen oder an ein Atom oder Molekül gekettet sind, in welchem Medium sie sich bewegen und dgl., bedingt ganz verschiedene Resultate. Es ist denkbar, daß dies für das genannte biologische Problem vielleicht von Wichtigkeit ist. Immer wieder seit GALVANI, der von tierischer Elektrizität sprach, sind Versuche gemacht, Beziehungen zwischen der Elektrizität und dem menschlichen und tierischen Organismus festzustellen. Der Vergleich des Nervensystems mit einer Fernsprechanlage ist zu naheliegend, das Gehirn entspricht dem Amt, die Nervenfäden und -bündel den Leitungen und Kabeln. Die Nervenfasern enthalten einen leitenden Teil, der dem Kupferdraht entspricht; hier besteht er aus leitendem Protoplasma, es ist der sogenannte Achsenzylinder; dieser ist meist eingebettet in eine fettartige Masse, das Nervenmark oder die Markscheide, welche der isolierenden Hülle elektrischer Drähte entspricht; das Ganze ist noch durch die SCHWANNsche Scheide umhüllt, die auch isoliert. Die Isolierung ist ganz wie bei den Drähten mehr oder weniger vollkommen, es gibt markhaltige und marklose Nervenfasern. Mehrere solche Nervenfasern sind streckenweise wie Telephondrähte zu einem Kabel vereinigt. Schädelkapsel und Wirbelsäule, die Gehirn und Rückenmark umschließen, sind Isolatoren.

In einem Aufsatze von HANS DOMINIK über menschliche Elektrizität fand ich kürzlich ausgeführt, „daß ein bestimmtes tierisches Organ, das Gehirn solange es noch lebensfrisch, auf elektrische Strahlen ähnlich reagiert wie die Frittröhre in der drahtlosen Telegraphie.“ „Man hat diese Beobachtung auch mit Erfolg zur Erklärung der teilweise geradezu krankhaften Gewitterfurcht herangezogen.“ „Heute hat man unter Benutzung unendlich feiner Multiplikatorgalvanometer festgestellt, daß auch die Nerven jedes lebensfrischen Organs Elektrizität in Form der Nervenströme erzeugen. In der Physiologie spielen diese elektrischen Ströme eine bedeutende Rolle, umsomehr als ihr Wachsen und Fallen ganz eng mit seelischen Zuständen zusammenhängt, so daß wir uns hier bereits auf jenem dunklen Grenzgebiete befinden, das Leib und Seele trennt. In der Tat weisen unsere Galvanometer sowohl in den bewegenden wie in den empfindenden Nerven und ebenso in den Muskeln galvanische Ströme auf. Es scheint aber ferner, daß die Leitung sowohl der Gefühle von den Außenteilen zum Gehirn wie auch des Willens vom Gehirn zu den Außenteilen durch Nervenströme erfolgt die vielleicht der Elektrizität verwandt sind, die vielleicht wie diese eine Strömung des Lichtäthers bedeuten, über deren Wesen wir aber fast gar nichts wissen.

Nur die Geschwindigkeit der Willensströme ist gemessen worden, und mit einiger Sicherheit wurde festgestellt, daß der Wille sich vom Gehirn mit etwa 60 Metern in der Sekunde durch die Nervenbahnen fortpflanzt. Diese Beobachtung spricht dafür, daß der geheimnisvolle Willensstrom und die wenigstens einigermaßen bekannten elektrischen Nervenströme doch verschiedene Dinge sind, wenn sie auch vielfach eng verknüpft erscheinen." Die Bestimmung der Fortpflanzungsgeschwindigkeit der Willensströme zu 60 m rührt übrigens von HELMHOLTZ her, neuere Bestimmungen von Prof. PIPER in Berlin haben Werte bis zu 120 m ergeben, Werte, die den Geschwindigkeiten elektrischer Schnellbahnen oder der Zuggeschwindigkeit eines Gewitters vergleichbar sind. Die Fortpflanzung der Elektrizität, d. h. von elektrischen Wellen, in Nerven geschieht mit vielen Tausend km, also sind die Nervenreize sicher keine Ätherschwingungen. Im allgemeinen wirken elektrische Wellen sicher auch wenig auf unser Nervensystem ein; ob das Gefühl der Schwüle vor und während des Gewitters damit zusammenhängt, ist zweifelhaft. Bespricht man im Unterricht die Bestimmung der Geschwindigkeit der Elektrizität überhaupt, so wird man wahrscheinlich nicht unerwähnt lassen, welche Rolle diese Bestimmung in der Biologie gespielt hat.

Nicht erledigt ist damit die Frage, welcher Art die nicht zu leugnende Verwandtschaft zwischen elektrischen Strömen und Willensströmen und Nervenreizen ist. Es wäre denkbar, daß letztere zu andern elektrischen Erscheinungen in Beziehung zu setzen sind. Nach DU BOIS REYMOND ist es nicht der absolute Wert der Stromdichte, auf den der Bewegungsnerv mit der Zuckung antwortet, sondern die Veränderung dieses Wertes, und zwar um so stärker, je schneller diese bei gleicher Größe vor sich geht, oder je größer sie in der Zeiteinheit ist. Die Nervenreize scheinen also mit Kurven, wie in Fig. 59 eine dargestellt ist, in Beziehung zu stehen. „Schnell wie ein Gedanke" besagt bekanntlich nicht viel. Die Zeitkonstante einer angehenden Dynamomaschine kann aber mehrere Minuten betragen, das ist mehr, als die Nervenzeitkonstante bei Personen langsamen Geistes beträgt. — Es könnte sich um langsame Lade- und Entladeerscheinungen durch einen Leiter zweiter Klasse hindurch handeln. Das langsame Abklingen von Kondensatorentladungen könnte mit den physiologischen Nachwirkungen verglichen werden; Eindrücke verschwinden nicht momentan, es handelt sich auch dort um gewisse Trägheitserscheinungen, wie sie bei elektrischen Strömen auch vorkommen: gibt es dort also auch Phasenverschiebung, Induktion, Resonanz und Ähnliches mehr? Man denke z. B. an Überstrahlung und Reflexbewegung, Mitbewegung und Mitempfindung, vielleicht auch an Irradiation. Von Resonanz wird bei psychischen Vorgängen oft gesprochen. OSTWALD schreibt in der Vorrede zu einem von ihm übersetzten Buche RAMSAYS: „Vielleicht ist es mir sogar gelungen, jenes eigentümliche Resonanzphänomen zu erzeugen, demzufolge denen, die den Autor persönlich kennen, der Klang seiner Stimme aus dem gedruckten Buche entgegentönt." Daß

Nerven, welche die Leitung vom Gehirn nach einem Organ besorgen, nicht in umgekehrter Richtung Reize zu leiten vermögen, hat sein Analogon in gewissen elektrischen Leitern, die Wechselströme nicht in jeder Richtung gleich gut leiten, z. B. Holtzsche Trichterröhre und Aluminiumzelle.

Es ist denkbar, daß die Nervenreize zu der Geschwindigkeit der Elektronen, deren Strömungsgeschwindigkeit sehr groß, aber auch sehr langsam sein kann, in Parallele zu stellen sind; speziell die Änderung dieser Geschwindigkeit würde in Betracht kommen. Auch die Wärmeleitung ist eine Elektronenströmung mit langsamer Fortpflanzungsgeschwindigkeit, die freilich nicht immer, aber sehr häufig von einer Potentialdifferenz begleitet ist; unsere organischen Ströme erinnern in mancher Hinsicht daran.

Einwendungen gegen die elektrische Natur der Nervenströme bestehen natürlich; z. B. wird beim Armbeugen durch die Muskelströme in einem parallelen Nerv keine Induktion erzeugt, die ein Mitbewegen der Finger bedingen müßte. Diese Ströme ändern sich aber langsam, die Induktion kann nur sehr gering sein, außerdem kann das Nichtansprechen an mangelnder Resonanz liegen. Durch gewisse Chemikalien, z. B. Reduktionsmittel, wird die Leitung in den Nerven lahmgelegt, das ist aber in einfachen galvanischen Elementen teilweise ähnlich bei Anwesenheit von Wasserstoff am Ableitungsmetall. — Die Nervenströme sind den Muskelströmen verwandt, die kräftiger und darum genauer untersucht sind. Ein Muskel kann wie ein galvanisches Element Elektrizität liefern; die elektrischen Organe der Fische sollen umgewandelte Muskeln sein. Bei der Fortpflanzung der Muskelkontraktion, die durch irgendwelche Ursachen mit geringer Geschwindigkeit erfolgt, würde es sich gewissermaßen um das Wandern eines galvanischen Elements handeln, ähnlich wie ein auf bestimmter Zugstraße ziehendes Gewitter einer bewegten Elektrisiermaschine vergleichbar ist.

Die heute am meisten vertretene und wahrscheinlichste Ansicht über Nervenströme ist die, daß es sich um chemische Ströme handelt. Ebbinghaus verglich die Fortpflanzung des Nervenreizes mit dem Abbrennen einer Zündschnur. Bei gewissen organischen Strömen ist die Fortpflanzung einer Säurereaktion festgestellt, das spricht für die chemische Natur dieser Ströme, aber auch nicht gegen die Elektronentheorie. Die Elektronen spielen in der Chemie fast noch eine größere Rolle als in der Elektrizität, nach Ramsay sind sie sogar an jedem chemischen Vorgang beteiligt.

Bei der Emission und Absorption des Lichts durch Atome spielen Elektronen, gebundene und freie, eine große Rolle, wie heute allgemein angenommen wird. „In den meisten Leuchtwirkungen scheinen es in der Tat freie Elektronen zu sein, die in die Nähe der gebundenen getrieben werden und diese zum Schwingen bringen" (W. Wien). Es steht nichts im Wege, gewisse Resonanzerscheinungen im Nervensystem, Ansprechen oder Nichtansprechen bei manchen Vorgängen, ähnlich zu erklären, wie in der Optik üblich. — Physikalisch interesssant sind besonders die physiologischen Vorgänge beim Sehen; durch das Licht, d. h. elektromagnetische Wellen, wird eine erhebliche Potentialdifferenz zwischen Vorderseite des Auges und Rückseite der Netzhaut hervorgerufen, ein photoelektrischer Effekt, der nach Untersuchungen von PIPER besonders erheblich bei den teleskopischen Augen der Nachtraubvögel ist; von da wird der Reiz in Nerven, deren Enden verschieden abgestimmt sind, zum Gehirn geleitet, und zwar durch chemische Ströme, an denen freie oder gebundene Elektronen nicht unbeteiligt sind, wie Potentialdifferenzen beweisen, deren Nachweis im Galvanoskop die Bestimmung der Fortpflanzungsgeschwindigkeit zu 120 m erst möglich gemacht hat.

Am Schluß ist es wohl kaum nötig, darauf hinzuweisen, das manches hier Vorgebrachte nur mit Vorbehalt ausgesprochen sein soll; es handelt sich, besonders bei der Elektronengeschwindigkeit in Metallen, noch keineswegs um eine völlige Klarstellung und um eine wirkliche Lösung. Das Ideal in dieser Hinsicht wäre es, wenn es gelänge, ein elektrisches Log zu konstruieren, das in jedem Augenblick an jeder Stelle eines Stroms die Geschwindigkeit der Elektrizität abzulesen gestattet; das wird aber wohl vorläufig nicht möglich sein.

Nachwort.

Die vorstehende Arbeit enthält eine Reihe von Aufsätzen, die in den letzten Jahren von mir verfaßt worden sind. Der letzte Artikel (III) ist im vorigen Jahre entstanden. Nicht alles wird absolut neu sein. Besonders gilt dies für den II. Teil, der weiter nichts beabsichtigt, als eine anspruchslose Zusammenstellung von Lehrstoff zu geben, von dem einiges gelegentlich im Unterricht der Oberstufe unserer höheren Schulen, besonders der Reallehranstalten, Verwendung finden kann.

Altona.

H. Lüdtke.